"十四五" 职业教育国家规划教材

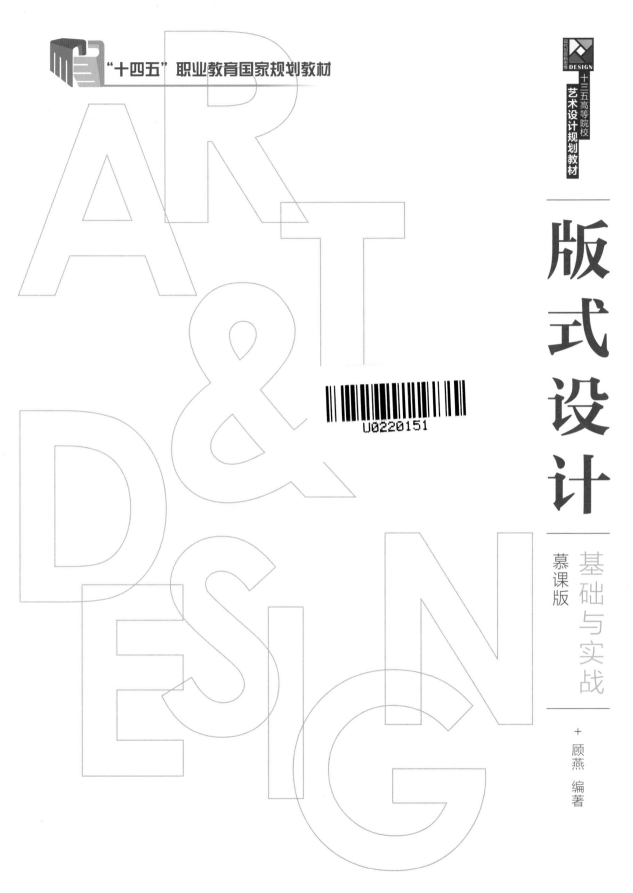

十三五高等院校
艺术设计规划教材

版式设计

基础与实战

慕课版

顾燕 编著

人民邮电出版社

北京

图书在版编目（CIP）数据

版式设计基础与实战：慕课版 / 顾燕编著. -- 北京 ：人民邮电出版社，2019.8（2023.8重印）
（现代创意新思维）
十三五高等院校艺术设计规划教材
ISBN 978-7-115-50931-4

Ⅰ. ①版… Ⅱ. ①顾… Ⅲ. ①版式－设计－高等学校－教材 Ⅳ. ①TS881

中国版本图书馆CIP数据核字(2019)第040856号

内 容 提 要

本书主要包括版式设计的基础知识和实战项目。全书共 9 章，内容涵盖版式设计概述、版式设计的要素、版式的视觉流向与基本版型、版式设计中文字的处理和表现、版式设计中图片图形的处理和表现、版式设计中色彩的处理和表现、版式设计的基本类型、版式细节设计与印刷尺寸以及版式设计综合运用。本书前 8 章每章都采用基础知识与综合项目实战相结合的方式呈现，并在全书最后一章设置版式设计综合运用，通过画册、文化折页、电商页面设计、文字宣传招贴、企业宣传手册等多个实战项目，帮助读者掌握版式设计要素和方法在纸质媒介和网络媒介中的具体应用。

本书适合作为高等院校、高职高专院校版式设计相关课程的教材，也可供版式设计相关从业人员自学参考。

◆ 编　著　顾　燕
　　责任编辑　桑　珊
　　责任印制　马振武

◆ 人民邮电出版社出版发行　　北京市丰台区成寿寺路 11 号
　邮编　100164　电子邮件　315@ptpress.com.cn
　网址　http://www.ptpress.com.cn
　北京瑞禾彩色印刷有限公司印刷

◆ 开本：787×1092　1/16
　印张：11.75　　　　　　2019 年 8 月第 1 版
　字数：205 千字　　　　2023 年 8 月北京第14次印刷

定价：69.80 元

读者服务热线：(010)81055256　印装质量热线：(010)81055316
反盗版热线：(010)81055315
广告经营许可证：京东市监广登字 20170147 号

前言
PREFACE

本书全面贯彻党的二十大精神，以社会主义核心价值观为引领，传承中华优秀传统文化，坚定文化自信，使内容更好体现时代性、把握规律性、富于创造性。

对于学习平面设计和喜爱平面设计的人来说，版式设计或者说排版是一项十分重要的技能，也是一项基础技能。版式设计在平面设计中起到了承上启下的作用，它既要求设计师能够借助平面构成原理综合地运用图、文字、色彩等版面元素巧妙构图，又为设计师逐步向具体的平面设计（如书籍设计、包装设计、招贴设计，甚至网页界面设计）方向渗透提供了基础平台，可以说任何一种可视的信息界面和载体的呈现都离不开对版式的布局和美化。

优秀的版式设计不仅能够清晰地展示主题，同时能够给受众以美的享受。本书展示的是作者在教学过程中搜集、积累、整理的有关版式设计的相关内容和技巧，书中列举了大量的设计案例，针对不同的版面类型进行了具体的分析，力求案例紧贴系统化的理论知识点。本书编写的目的一方面是希望能够为学习版式设计和喜爱版式设计的人提供系统的版式设计知识框架和知识点，另一方面是能够以简明、清晰、生动、务实的案例形式让版式设计的学习和排版制作更加轻松和高效。

1.如何使用本书

（1）通过生动具体的案例系统学习基础知识

爵士音乐会招贴设计

企业文化画册设计

招贴设计中字体结构延伸形成线

甲骨文块及石刻

商业广告设计中图形和图像形成能质层次的图

线装书中传统的繁式排版

（2）通过详细的课堂引导练习、案例分析和视频讲解理解设计方法

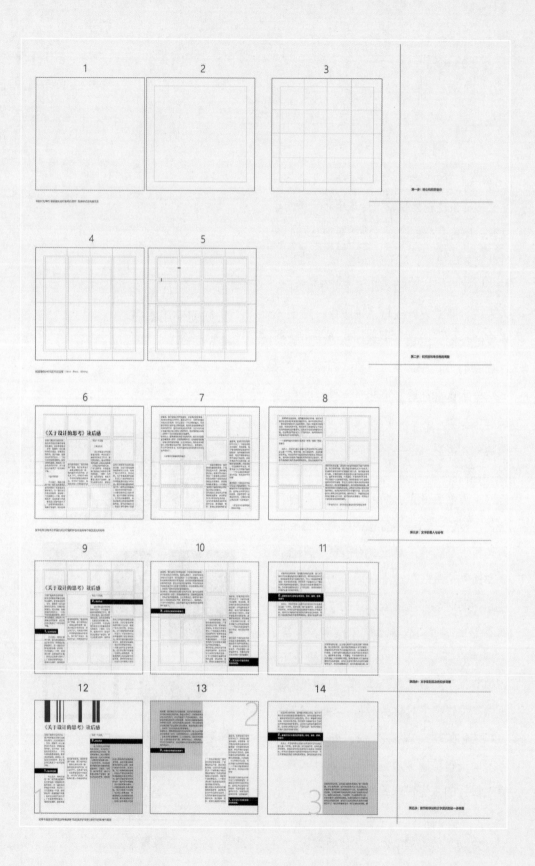

（3）通过针对性强的项目演练和综合项目实战动手制作

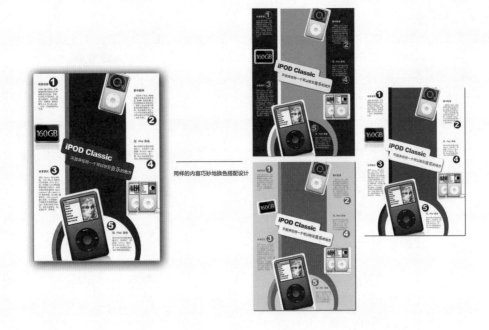

同样的内容巧妙地换色搭配设计

（4）通过多个应用领域的实战，综合训练设计能力

轻松	紧张	轻松	紧张	轻松	紧张	紧张	轻松

第1步：版面节奏的控制

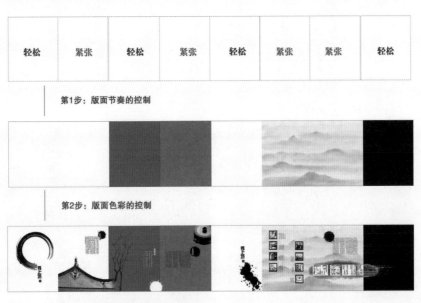

第2步：版面色彩的控制

第3步：版面图文的有效组织和添加

2. 学时安排建议

本书的参考学时为 53 学时，其中实训环节为 33 学时，各章的参考学时请参见下面的学时分配表。

章	课 程 内 容	学时分配	
		讲 授	实 训
01	版式设计概述	1	0
02	版式设计的要素	2	2
03	版式的视觉流向与基本版型	2	4
04	版式设计中文字的处理和表现	3	3
05	版式设计中图片图形的处理和表现	2	4
06	版式设计中色彩的处理和表现	2	2
07	版式设计的基本类型	4	8
08	版式细节设计与印刷尺寸	2	0
09	版式设计综合运用	2	10
学 时 总 计		20	33

3. 配套资源介绍

本书配套资源包括以下内容。

· 全书案例素材与效果文件。

· 扩展图库等扩展资料。

· 全书 PPT 课件、课程标准、课程教案。

以上资料读者可以登录人邮教育社区（www.ryjiaoyu.com）免费下载。

本书配套与赠送的慕课视频，读者可登录人邮学院网站（www.rymooc.com）或扫描封底二维码，使用手机号完成注册，在首页右上角单击"学习卡"选项，输入封底刮刮卡中的激活码，即可免费在线观看。扫描书中的二维码，也可使用手机观看视频并查看扩展图库。

由于作者水平有限，书中难免存在疏漏和不妥之处，敬请广大读者批评指正。

编著者

2023年5月

目录
CONTENTS

ART
DESIGN

01
版式设计概述

版式设计由来已久，自人类创造文字之后，版式的概念也就诞生了。在现代信息社会，有效的信息传达需要合理、实用且美观的版式设计。本章我们主要介绍版式设计的概念，使学习者了解版式设计不同的发展阶段，并对版式设计的基本流程有初步的认识。为后续知识点的展开做铺垫。

精讲视频

版式设计概述——
强弱设计对比分析

ABOUT

Omnicos directe al desirabilite de un nov lingua franca: On refusa continuar payar custosi traductores. At solmen va esser necessi far uniform grammatica, pronunciation e plu sommun paroles.

Ma quande lingues coalesce, li grammatica del resultant lingue es plu simplic e regulari quam ti del coalescent lingues. Li nov lingua franca va esser plu simplic e regulari quam li existent Europan lingues. It va esser tam simplic quam Occidental in fact, it va esser Occidental.

WORKFLOW

- Li nov lingua franca va esser plu simplic e regulari quam li existent Europan lingues.
- It va esser tam simplic quam Occidental in fact, it va esser Occidental.
- A un Angleso it va semblar un simplificat Angles, quam un skeptic Cambridge amico dit me que Occidental es.
- Li Europan lingues es membres del sam familie. Lor separat existentie es un myth.
- Va esser necessi far uniform grammatica, pronunciation e plu sommun paroles.

SUCCESS FACTS

75%   Li lingues differe solmen in li grammatica.

60%   Omnicos directe al desira bilite de un nov.

45%   Ma quande lingues coa lesce, li grammatica.

Li Europan lingues es membres del sam familie. Lor separat existentie es un myth.
Por scientie, musica, sport etc, litot Europa usa li sam vocabular. Li lingues differe solmen in li grammatica, li pronunciation e li plu commun vocabules.

+**75**%
NEWER TECHNOLOGIES

+**200**%
MORE CLIENTS PER MONTH

1.1 | 版式设计的概念

版式设计在视觉传达设计中起到承上启下的作用，其主要考验设计师综合图片、文字、色彩等设计要素的组织表现能力，同时又为书装、海报、包装、展示等设计提供充分的设计准备。

版式设计一词来源于英文"layout"，其中"lay"是指放置，"out"是指展示出来。大众通常接触的各种载体中放置的内容主要是图形、图片、文字、色彩这些要素。但是如何展示和组织起这些要素，达到良好的传达效果，则需要掌握一些版式设计的原理和方法。

爵士音乐会招贴设计　　　　企业宣传画册设计

因此，版式设计是平面设计领域一个十分重要的环节，它既需要设计师对相关设计软件和设计元素有一定的把握，又需要设计师能够综合地运用这些要素，按照设计需求，进行组织、排列、整合。优秀的版式设计不仅视觉传达效果好，而且能够提高读者的阅读兴趣，帮助读者在阅读浏览的过程中轻松愉悦地获取信息。

可以这样定义版式设计的概念：版式设计指在一个平面上展开设计调度，将文字、插图、图片、标记符号、色彩等构成要素，按照一定的审美规律，结合设计的具体特

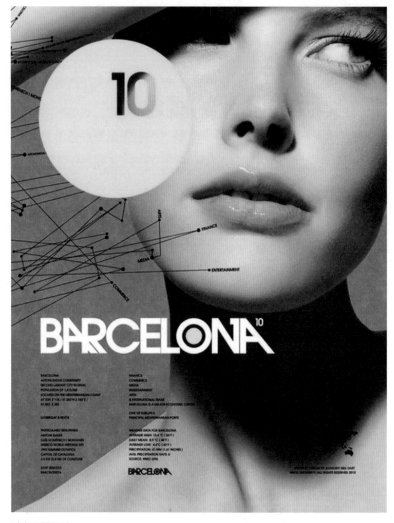

扩展图库

分类版式设计　　时尚页面设计

点和使用目的来布局，并使其成为一个整体而进行信息传递的过程。

1.2 | 版式设计的主要发展阶段

精讲视频

版式设计的
发展历程

版式设计发展经历了漫长的过程，其出现的原因主要是文化和经济的发展，信息量的增加，使得早期的交流和传播模式无法满足文化和文明延续的需求。纸张的出现，使手稿记载历史成为现实，而印刷技术的出现为信息的广泛传播提供了更广阔的渠道。这一点无论在东方还是西方都具有相似性。

1.2.1　早期的版式设计

在人类文明发展的早期阶段，无论是岩壁绘画还是兽骨刻写，都具有原始的排版意识。下面两则例子一个是甲骨文排版，一个是埃及石刻排版。从这两则例子中可以看出，人类在早期信息传递的过程中无论是横向排列还是纵向的排列均特别注重版式清晰的布局。

甲骨文　　　　　　　　　　　　　　　埃及石刻文

1.2.2　东方的竖式排版

中国版式设计的独特性源于在简牍上书写文字的方式，简牍背面标有篇名和篇次。将其卷起时，文字内容呈现在外侧，方便阅读和查找。简牍誊写的出现奠定了中国传统竖式排版方式，也形成了人们从右至左、从上至下的阅读习惯，这一方式在东亚一些地区的信息传播媒介中（书籍、杂志、画册）至今可见。

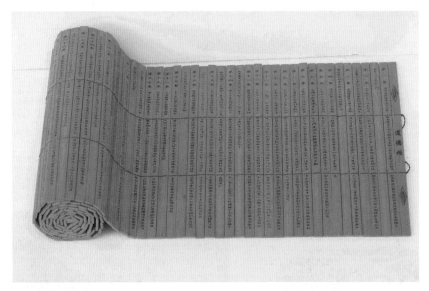

简牍中的竖式排版

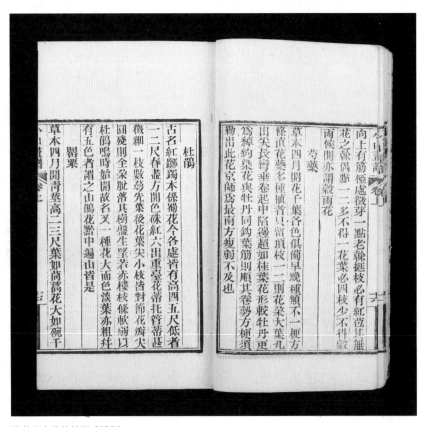

线装书中传统的竖式排版

1.2.3 西方的横式排版

在欧洲，早期的手抄本奠定了西方版式设计的雏形。随着约翰内斯·古腾堡[1]金属印刷技术的发明及工业革命的影响，1845年，改良后的印刷机器使得垂直版式设计取得了主导地位。这种版式以竖栏为基本单位，文字水平排列，具有文字小、图片小、标题不跨栏的特点。

欧洲手抄本

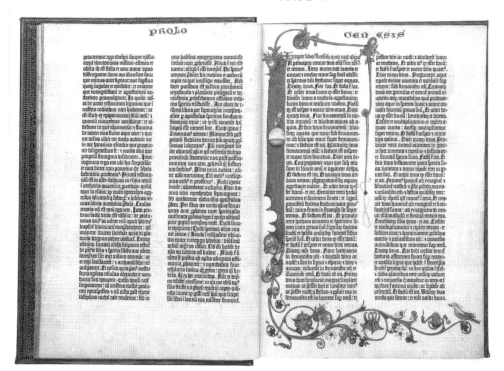

欧洲分栏印刷书籍

---

1 约翰内斯·古腾堡（Johannes Gensfleisch zur Laden zum Gutenberg，又译作谷登堡、古登堡、古滕贝格），约1400年出生于德国美因茨，1468年2月3日逝世于美因茨，是第一位发明活字印刷术的欧洲人，他的发明引发了一次媒介革命。其印刷术在欧洲迅速传播，并被视为欧洲文艺复兴在随后兴起的关键因素。他的主要成就一《谷登堡圣经》，享有极高的美学及技术价值之美名。除了其在欧洲发明的活字印刷术对印刷术的发展有着巨大贡献之外，他还合成了一种十分实用的含锌、铅和锑的合金和一种含油墨水。

1.2.4　现代版式设计与新媒体版式设计

20世纪60年代，人们对版式设计的重视达到了前所未有的程度。版式以色彩和图片为基础，文字和图片组合传递信息的形式更加灵活。这首先体现在西方出现了各种新形式的自由版式设计，各种类型的个性版式设计也孕育而生，随后也影响和丰富了东方的版式设计。

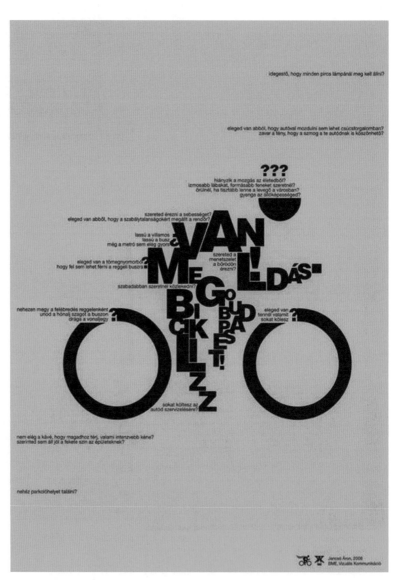

扩展图库

现代版式设计　　　　　　以文字为元素组合成图形的招贴设计

随着科技的发展和信息化传播方式的变化，许多新兴的信息传递媒介也随之快速发展，互联网、电脑、手机、平板电脑等交互媒介中的信息传递也需要清晰有效的版式设计和布局，由此而产生的信息设计、交互设计、UI设计中版式的设计形式有了新的发展和变化。

手机UI设计

扩展图库

新媒体版式设计

1.3 | 版式设计的程序

版式设计的最终目的是有效地传播信息，追求主题和形式的统一，设计的过程也是力求从视觉到内容的不断完善的过程。版式设计的具体运用方向很多，如书籍版式设计、包装版式设计、招贴版式设计、宣传单页版式设计等，其所针对的受众从年龄、职业、性别等各方面均有不同，这就要求版式设计最初要从定位读者群体入手，明确设计风格，版式设计的流程也由此展开。

1.3.1 定位读者群

在排版的过程中，无任何思考的编排或为了追求形式美而将版式设计得过于花哨都是不可取的。版式设计要以读者群体为核心。例如儿童书籍需要图多字少，年轻人看的书要色彩明快、个性、时尚，老年人看的书字号选择上要稍大一些，需要版式规整，符合常规的阅读习惯即可。读者的定位是版式设计首要解决的问题，根据读者不同而定位版式风格和布局版式结构，结合载体"量体裁衣"，才能够更好地、有效地传达信息，树立版式形象，得到受众认可。

思考下则商业广告的例子，为何设计师会这样构思——版式形象突出、简洁。核心在于设计师首先分析了作品是一幅用于在户外展示的大型广告牌，关注这则广告的是匆匆来往于路上的行人，如果想让匆忙的行人在较短的几秒内就对这则广告有印象甚至记住它，只有以言简意赅的图形创意构思作为主体，搭配极少量的标题文字才能够达到期待的效果。

精讲视频

版式设计的程序　　　　商业招贴设计

1.3.2　明确信息主体

在版式设计中，图形、图片、文字、色彩在多数情况下是并行存在的，但是其主次轻重却有不同，招贴广告就是以图说话，儿童读物也是如此，而文学期刊则以字为主。要突出各种设计要素在版式中的侧重，就要求设计师在排版过程中明确各部分要素的主次，无论在版式布局、比例、色彩选择、层次安排上均要做出思考，这样才能更好地体现信息传达意图。

佳得乐商业广告

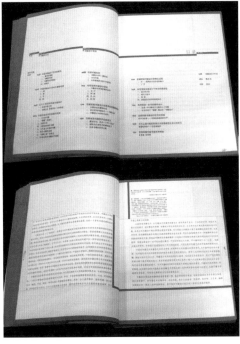

国际主义风格书籍排版

1.3.3 制订计划和设计流程

在设计师做设计之前，要求对设计内容或对象的背景进行了解。无论是给公司做产品宣传，还是设计一套画册，设计师需要在此过程中收集资料、进行分析，确定自己的设计方案，最后根据自己的设计方案安排设计内容，这是行之有效的版式设计过程。手绘草图是实现版式构思的第一步，可以帮助我们完整构思。

然后运用Photoshop、Illustrator、InDesign等设计软件（之后的综合项目实战过程中均会以案例的形式介绍和使用）完成制作稿。在确定设计内容后，设计师可以对版式设计上的

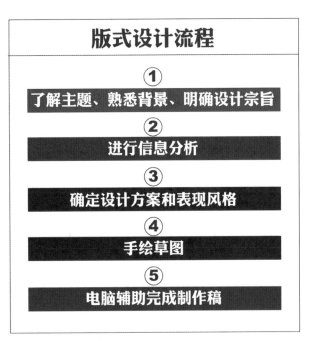

版式设计流程

① 了解主题、熟悉背景、明确设计宗旨

② 进行信息分析

③ 确定设计方案和表现风格

④ 手绘草图

⑤ 电脑辅助完成制作稿

版式设计流程简要过程图

基本步骤做简单分析。首先是建立空白页面，然后划分版式布局，最后根据信息主次按照一定顺序将各个要素进行排列。

1.4 ｜综合项目实战—版式设计分析

通过对几个排版风格和使用类型不同的案例进行分析，初步了解版式设计。

精讲视频

版式设计案例分析

精讲视频

实战案例分析

小 结

通过本章的学习，我们可以简单地了解版式设计的概念，了解版式设计发展的历程，以及在每一个阶段版式设计的主要特点，掌握版式设计的基本程序和设计构思过程，为后面各个章节的具体学习奠定理论基础。

思考

1.版式设计的概念是什么？

2.版式设计经历了哪几个阶段？

3.版式设计为什么要首先了解主题、熟悉设计背景？

4.版式设计的程序包括哪几步？

02

版式设计的要素

本章学习的目的是让读者通过回顾基本构成元素——点、线、面的特点，合理地联系版式设计中的图片、文字、色彩内容，有效地组织和传达，形成信息层次明确、视觉流向清晰、画面美观的版式效果，提高传达的品质和质量。

2.1 | 版式设计要素的内容

版式设计不会脱离图片、文字、图形和色彩这几个要素，但有时我们会因为过于关注这些个体而忽略了每一个元素在版式中的定位，有效地组织运用这些元素关键在于如何把握版面构成。众所周知，视觉构成的基本要素是点、线、面。点线面的不同组合方式会产生不同的视觉效果，而具体到版式这一块是要学会如何将具象要素进行联系，转化成点、线、面，即如何将图片、文字、图形、色彩归结到点、线、面的组合上，然后用点、线、面的特点属性对版式布局进行整体把握，"元素构成"对于支配版面要素布局十分重要。下面我们就将两方面内容联系起来，分析版式设计的要素。

2.1.1 点的编排

点是最基本的形。版式设计意义上的点，必须是可视的，点可以是一个形，也可以是一块色彩，点可以以任何一种形态呈现。点在空间的大小上可以与线和面区分开来，但它们之间的界限是相对的、可变的。联系具象的版式设计要素，点可以是一个字、一个符号、一个色点、一个形状，甚至一张图片。

精讲视频

版式设计要素中
点的表现

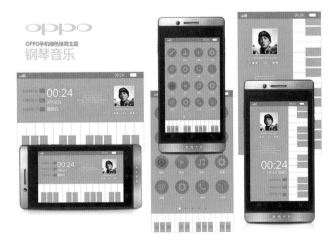

手机界面中icon点的设计

招贴设计中的点

点在版面中组合可以形成其他要素。点的重复可以成为线，版式设计中横向或竖向排列的文字就是点形成的线。对文字或字体本身结构的拉伸也可以形成线。

包装设计中字体成为线的表现形式　　　　　　　　　　　　　　　　招贴设计中文字形成的线

　　点的横向纵向重复延伸可以成为不同形态的面。点本身在版式中通过面积的变化也可以形成面。

招贴设计中文字形成的面　　　　　　　　　　　包装设计中比例夸张的文字形成的面

　　点在版式设计中有许多作用，首先点能够成为画面中心，成为画龙点睛之"点"，成为视觉焦点。其次，点能够点缀和活跃画面气氛。点可以和其他形态组合，起着平衡画面轻重、填补空间的作用。例如，在一些过于严肃的版式中，可以运用面积很小的符号和色块调节版式的气氛。总地来说，点是一个变化形式较多、较为活跃的元素。

2.1.2 线的编排

线是点的发展和延伸。线的形式在版面设计中是多样的。线有形状、色彩、肌理等多种变化，线是有性格的。线可以传递运动和静止的感受，具有长短、粗细、深浅、正负等变化。组合起来的线变化丰富，其表达力更是倍增。

精讲视频

版式设计中
线的表现

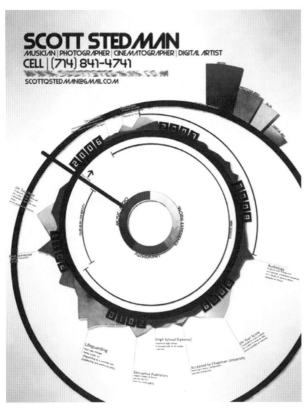

包装设计中细腻流动的线串联起各个要素

招贴设计中有肌理的水彩线条延伸了画面

线在版式设计中可以构成各种装饰元素及各种形态，起到分隔画面形象的作用。线在视觉上要占一定的空间，它的延伸能够带来一种活力，它能够串联各种设计要素，可以分开图像和文字，可以使画面动感增强，也可以起到稳定、平衡画面的作用。因此，线的作用主要体现在：界定分隔画面空间，通过其自身粗细、曲直、色彩的变化形成不一样的肌理效果，达到烘托主题的目的。线的穿插还可以组合成面。如果联系到版式设计要素，线可以是一行文字，一条变化的图案或图形。

招贴设计中线活跃了画面

网页设计中的线分割了空间

招贴设计中文字排列的线形成面

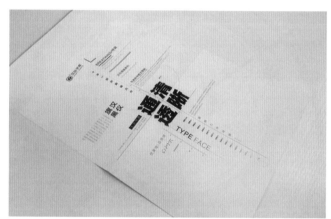

单页设计中线划分了画面，使文字排列更加清晰

2.1.3 面的编排

精讲视频

版式设计中
面的表现

　　面是点和线的发展延续。从平面设计的意义上讲，面就是在平面上展开的形。面是各种基本形态中最值得关注的要素。它包括了点和线，如果有空间大小等条件的存在，面也可以转化为点和线。可以把面理解为线重复密集移动的轨迹，也可以理解为点的放大、集中或重复。另外，面在版式设计中具有平衡、丰富空间层次以及烘托和深化主题的作用。落实到具象的版式设计要素，面可以是一个字符、一张图片、一个图形、一个符号，也可以是一组文字、一组图片或图形。

手机界面设计中明快的面

商业广告设计中图形和图像形成前后具有层次的面

招贴设计中文字形成的面

总之，版式设计中有显性和隐性两大块要素，所谓显性要素就是图片、图形、文字、符号，隐性要素为点、线、面。在版式设计的过程中要能够灵活运用隐性要素的特点，将其转化为显性要素，进行合理变化组合运用。

扩展图库

版式设计的要素

2.2 | 项目演练——版式设计要素的转化

下面我们以一则简单的设计来分析如何完成版式设计基本要素的转化。

（1）以数字 2019 或某一组简单的字符组合为内容设计 3 张小卡片，每一张卡片中的字符表现必须体现点、线、面的特点。

思考与演示步骤如下。

首先，通过"点"这一要素特点的介绍，将抽象"点"和具象"点"进行联系和转化。

精讲视频

数字的点的
构图设计

文字中心点构图

文字四角点构图

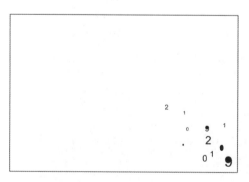

文字散点构图

①如果将具象要素以点的形式表现在画面上，应注重要素在版式中的比例。

②在Illustrator软件中设置宽150mm、高100mm的文件，颜色模式为CMYK（版式作品如果需要后期印刷，颜色模式一般会设定为印刷色CMYK，如果只用于屏幕或其他交互界面的显示，可以设置为屏显色RGB的颜色模式）。

③输入文字"2019"，选择最常规的印刷字体，将文字转化为图形（文字排版过程中，在字符和字号确定的条件下，要将文字创建轮廓转化为图形以保证后期印刷或输出时的一致）。

④调整文字在版式中的大小比例，并将文字中空的结构部分填满，突出点的属性。

⑤文字的点的表现形式可以是中心点，具有向心性，也可以是分散自由的点，活跃画面。

（2）通过"线"这一要素特点的介绍，将抽象"线"和具象"线"进行联系的设计练习。

①如果将具象要素以线的形式表现在画面上，应注重要素在版式中形态的变化。

②在Illustrator软件中设置宽150mm、高100mm的文件，颜色模式为CMYK。

精讲视频

数字的线的
构图设计

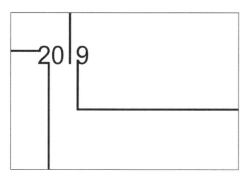

文字的结构延伸形成线

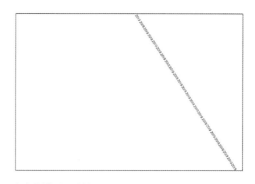

文字的排列形成线

文字的连续曲线表现可以形成线

③输入文字"2019"，选择最常规的印刷字体，将文字转化为图形。

④由于文字本身就有笔画，以线的形式表现可以将不同方向的笔画延伸。

⑤文字笔画的延伸可以是粗的、细的、弯曲的、直的，也可以由字单向排列而成。根据以上的思考可以完成不同的设计表现。

（3）通过"面"这一要素特点的介绍，将抽象"面"和具象"面"进行联系的设计练习。

精讲视频

数字的面的
构图设计

①如果将具象要素以面的形式表现在画面上，要注重对象在版面中面积比例的控制。

②在Illustrator软件中设置宽150mm、高100mm的文件，颜色模式为CMYK。

③输入文字"2019"，选择最常规的印刷字体，将文字转化为图形。

④文字的面的表现形式可以是单纯的，文字本身个体比例的放大也可以形成面的感觉。

⑤文字在版面中横向、纵向的排列和延伸可以形成面，还能够形成微妙的肌理变化。

文字的个体比例变大形成面

2.3 ｜综合项目实战——版式基本要素转化（个性文字卡片设计）

精讲视频　　　　精讲视频

汉字的点线面构图　汉字的点线面构图
设计1　　　　　设计2

下面我们通过一个简单的练习演示版式基本要素的转化，读者可以结合汉字设计个性文字卡片。

要求：第一，请以汉字为内容进行排版，同时能够

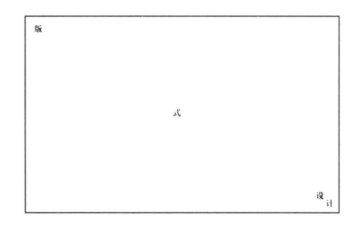

体现出点、线、面的特点。

第二，作品尺寸89mm×54mm，分辨率300dpi，颜色模式CMYK。

效果展示以下面一则例子为参考：第1幅作品中卡片的主要信息以面积很小的小字排列在版面左上角和右下角对称的两侧，形成点的变化；第2幅作品中将文字信息的结构延伸拉长，形成线条效果，辅助信息也以常规的文字排列形成线的效果；第3幅作品中让文字在整个版面中撑满，将字体结构中空的地方填充成块面，形成鲜明的块面效果。无论是数字、汉字、英文或其他文字都能够巧妙地进行变化，结合点、线、面的特点在版面中创作。

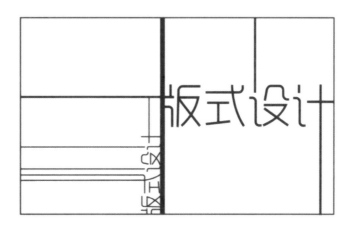

"点""线""面"文字卡片设计效果展示

小 结

　　本章学习的主要目的是使读者理解平面构成要素（点、线、面）与版式构成要素（图片、文字、符号等）之间的对应转换关系，能够在排版过程中灵活地将具象要素（图片、文字、符号）联系到抽象要素形式（点、线、面）进行页面的布局和设计，更好地将要素在版面上合理地搭配、变化和组合。本章的学习也是为后续具体元素章节的学习、实战项目制作及综合项目制作做好形式构成上的准备。

思考

1.点、线、面的特点有哪些？

2.在排版过程中如何搭建版式中具象要素和抽象要素之间的联系？

03

版式的视觉流向与基本版型

在排版过程中要取得视觉上的突破，必须在结合版面构图的基础上，针对版面设计要素，做主次、先后关系上的安排。由于受到长期以来阅读习惯的影响，在浏览版面的过程中，读者习惯性地从左至右、从上而下阅读信息。大多数版面的整体视觉流向也是按照这样的顺序安排的。版式的视觉流向就是设计师在排版的过程中，特意采用的某种要素或要素组合进行显性或隐性的引导而形成的阅读先后顺序。

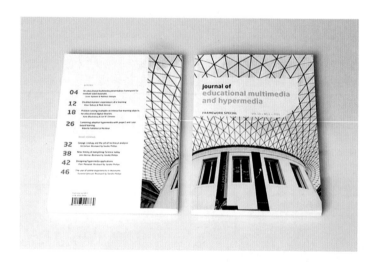

3.1 | 版式设计中主要的视觉流向

3.1.1　单向式视觉流向

单向式视觉流向是按照常规的视觉流向规律，引导读者阅读，包括纵向直线式视觉流向、横向直线式视觉流向、倾斜式视觉流向。前两种稳定、简洁、有力；后一种会给人不稳定的感受，可增强版面的活跃性和关注度。

精讲视频

版式设计的
视觉流向

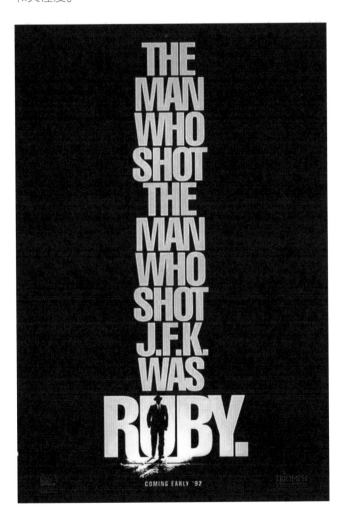

招贴中的纵向直
线式视觉流向

招贴设计中的横向直线式视觉流向

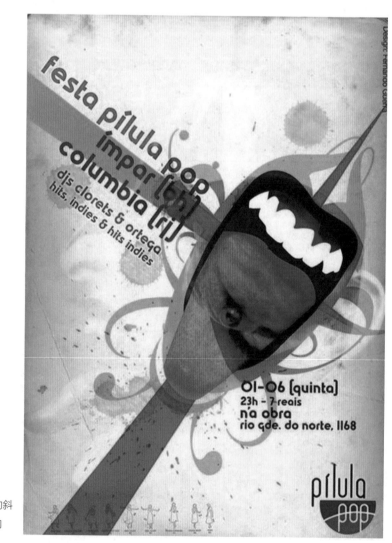

招贴设计中的斜
线式视觉流向

3.1.2　重心式视觉流向

版式设计中的视觉重心是指整个版面最吸引人的位置。不同的版面中，视觉重心的定位也不一样。由于现代人的阅读习惯是由左至右，版面右侧是终止处，因此，视觉重心偏向画面的右边，给人局限、拥挤的感觉。视觉重心偏向左边，会给人自由、舒适、轻松的感觉。同样，由于东西方的阅读习惯都是从上而下，版面下方为终止处。因此，视觉重心靠下方，给人下坠、压抑、稳定的感觉。视觉重心靠上方，会给人轻快、上扬的感觉。视觉重心可以通过色彩对比、内容的疏密变化和虚实的变化而形成。

商业广告中通过虚实变化形成视觉重心

3.1.3　反复式视觉流向

反复式视觉流向就是相同或相近的元素反复排列在版面中，给人带来视觉上的重复感受。就好比文字表述中的排比句可以增强语气一样，重复内容的使用能够强化视觉效果，给人统一和连续的感觉。需要注意的是，运用此种视觉流向，要在相同中找差异，在整齐中求变化，细微的变化不但能够吸引读者的眼球，还能避免版面趋于平淡，突出视觉中心。

商业广告中的反复式视觉流向

3.1.4　导向式视觉流向

　　导向式视觉流向是将特定的符号或其他要素（特别是箭头方向线等符号）布局于版面中，起到引导视觉流向的作用，这种设计类型在书籍、宣传册等连续的版面排版过程中十分好用。

单页中的导向式箭头的使用

运用以上4种主要的视觉流向时，也可以穿插一些要素达到局部视觉流向的引导，例如版面大小比例的调整。现代的排版要求主次明确，信息层次分明，无论是图片、文字，还是色彩、图形，均追求主次、强弱的空间关系，以增强版面的节奏感。除了以上4种主要的视觉流向外，还有散点式等其他的视觉流向形式。

3.2 | 版式设计的基本版型

由版式的基本视觉流向可以拓展出不同类型的版面构成形式（版型），每一种版型都有自己的特点和使用方向。

3.2.1 满版型版式设计

满版型版面在大多数情况下以图片为主，将图片穿插文字并使其充满整个版面，在视觉上更直观，表现强烈，常用在平面广告设计中。

3.2.2 分割型版式设计

分割指的是对版面进行调整或重新分配。常用的分割方法主要是等形分割，是指分割形状完全一样，分割后再

满版型版式设计

把分割界限加以强调和取舍，达到一种良好的效果。

分割型版面使排版在整体中形成停顿

3.2.3　自由型版式设计

　　自由型版式设计是一种不规则的版面设计方式，画面感觉较为活泼、不受约束，常在招贴设计中使用。

We Got Nothing To Lose

Never

April
25th
Just
In
Time

NEW

自由型版式

3.2.4　倾斜型版式设计

倾斜型版式设计可以造成版面强烈的动势和不稳定性，引人注意，在招贴设计中常见，现代书籍版面设计中有部分也运用倾斜型设计形式。

3.2.5　三角型版式设计

三角形是最具有安全稳定性的图形，但在版面分割上运用此种结构，会产生不同的效果。正三角形给人稳定、安全、信赖的版面效果；倒三角形会产生动感和不稳定性。

书籍封面设计中的倾斜型版式设计

招贴设计中图形形
成倒三角版面

可口可乐广告中的
倒三角版面设计

3.2.6 曲线型版式设计

同一版面中的文字和图片在排列结构上形成曲线型的趋势，能够使版面产生自由灵活、优美的效果。采用曲线分割的版面设计具有一定的趣味性，引导人的视线随着画面上元素的自由走向而变化。

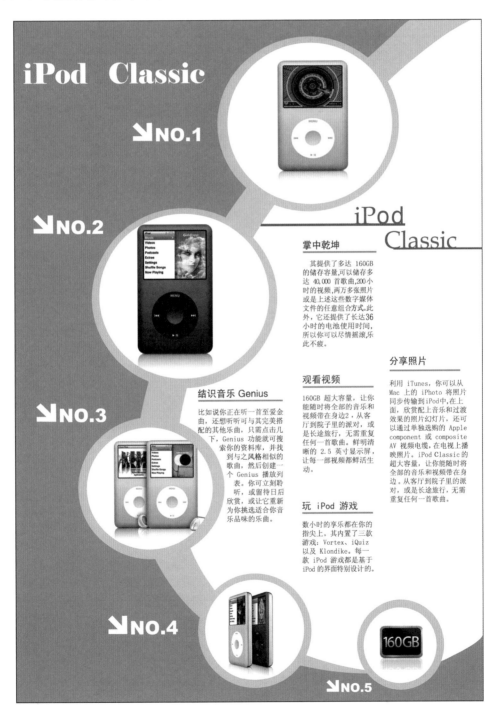

宣传单页中的曲线版式设计

综合版面的视觉流向和版面的版型设计，以下面一则草图例子进行分析，正常的视觉流向是从上至下、从左至右，下面有16种常见的版面分割（版型）设计样式，在每种版型设计样式中，常规的视觉中心是在版面的左上方（在中间图中用咖啡色圆点标注），但是可以通过颜色（明暗、冷暖）、大小比例等的调整来改变版面的视觉重心，从而产生新的视觉流向（在右图中用灰紫色块标明调整过的视觉重心）。

精讲视频

版式设计的
基本版型

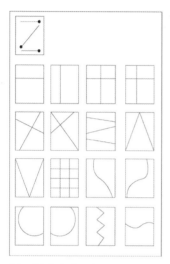

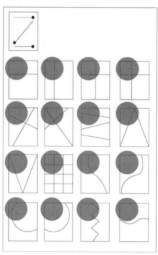
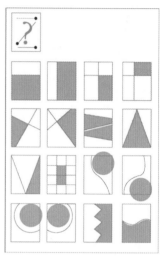

版面分割与视觉重心的变化

扩展图库

版式的视觉流向与
基本版型

3.3 | 项目演练——商业广告招贴视觉流向设计

下面我们根据提供的图片素材，以"福缘珠宝"为主题选择一张图片素材组织构图，制作一张商业招贴，要求画面有明确的视觉流向，版面构图清晰。以下是素材和基本的设计构图提示与说明。

精讲视频

项目演练——商业
广告招贴视觉流向
设计

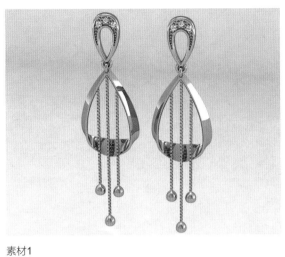

素材1

素材2

设计构思与步骤提示：

为珠宝做商业招贴，图片是画面中最重要的视觉要素，商业广告无须太复杂，做到简洁、大气、明确、能够传达主题即可，所以提供的两张素材最适合单向视觉流向。

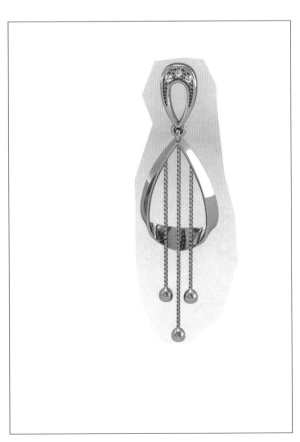

放置图片

（1）首先，需要考虑主要图形的摆放位置，图片可以放置在版面稍偏右偏上的位置。同时，采用纵向直线式的视觉流向也可以使版面简洁、清晰。

（2）对提供的素材进行修饰，包括边缘杂色的去除、图像本身色彩和质感的调整，目的是让图形在版面中更加鲜明突出。

修饰图像

（3）将图形复制后，两张图前后错位调整，并注意适当的比例缩放。

复制图像

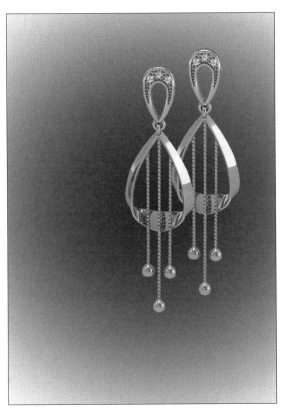

（4）仅仅只有图在画面中太单调，可以在背景上添加一点效果，目的是突出主体部分，使视觉流向更加突出。图形是浅亮色，背景可以使用深灰渐变色，也可以在背景上增加一些淡淡的纹理，以加强版面细节部分的肌理效果。

添加背景

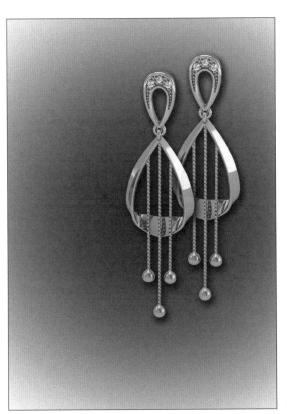

（5）进一步为画面中的图形增加投影效果，拉开前后的视觉空间。

到这一步为止，版面主体要素已基本设计好，下面是文字搭配的部分。文字的搭配要简明突出并能够与图形成统一的版面流向，所以可以采用竖向的文字排列。

增加投影效果

（6）标题字体需要突出老字号或老品牌，选择适当的书写体字符，并调整文字的位置和整体大小比例，清晰地展示竖排的标题字体，在保证版面竖向直线式视觉流向不变的基础上，适当调整字体的大小，错开排列，避免版面过于拘谨。

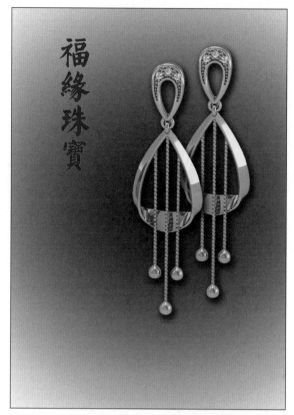

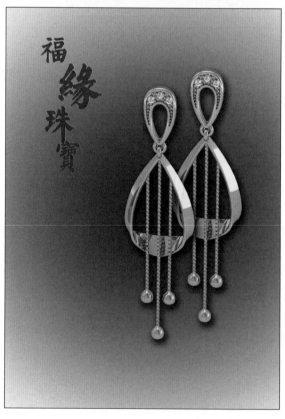

添加标题字体

（7）增加线条和小字的排列，强化纵向直线视觉效果，完成整体的制作。

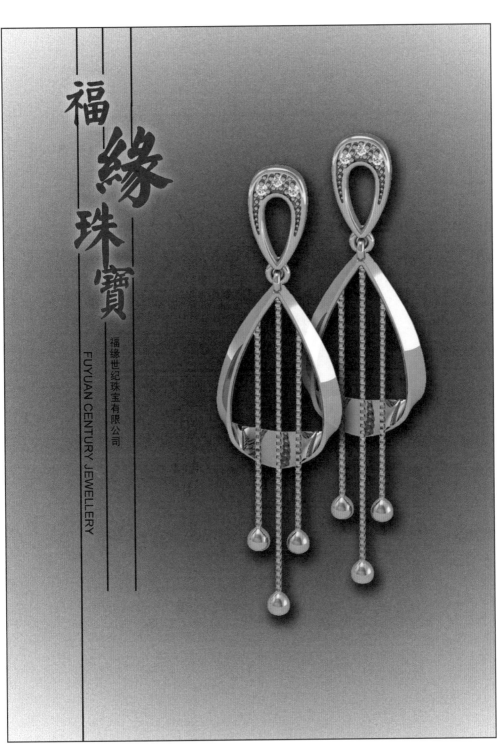

福緣珠寶

福緣世纪珠宝有限公司

FUYUAN CENTURY JEWELLERY

最终效果

整张设计从图片处理、背景处理到文字处理，力求做到流向清晰、版面构图主次分明。读者可以思考一下如何运用第2张素材按照一定的视觉流向设计版面。下面提供的是参考版面效果。

珠宝商业招贴参考设计

3.4｜综合项目实战——指定信息视觉流向设计

请使用"分享share"和"设计design"两组信息完成4组简单的视觉流向设计。

要求：(1)两组使用常规视觉流向；(2)两组使用不常规视觉流向；(3)制作4张A4、300dpi、RGB 颜色模式的图像。

精讲视频

综合项目实战——
指定信息视觉流向
设计1

精讲视频

综合项目实战——
指定信息视觉流向
设计2

精讲视频

综合项目实战——
指定信息视觉流向
设计3

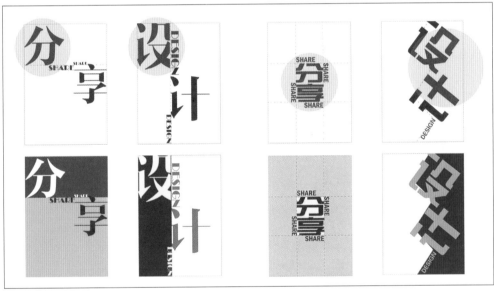

项目例图

设计构思与步骤提示：

营造合理的视觉流向，首先要选择合适的版面分割方式，如果要调整常规的版面视觉流向，则需要通过色彩调整、比例调整的方法实现。

首先，上面画面中左侧4张图为常规视觉流向设计的方法，将画面水平和垂直分割形成两种版型，然后通过颜色调整的方法，例如"分享"版面的视觉重心色彩为红色，自然形成左上方内容突出的效果，而"设计"版面的视觉重心色彩为黄色和紫色的补色对比，画面左侧为灰白色调，形成后退的效果，自然也形成了左上方内容突出的效果。

其次，上面画面中右侧4张图为调整视觉流向设计的方法，将画面平均分成九等分，并将画面进行锯齿状左右分割，接着是调整版面重心，例如"分享"版面的视觉重心要调整到画面中央，可以通过冷暖色调的对比达到该效果。"设计"版面的视觉重心要调整到画面右侧，画面左侧为白色调，形成后退的效果，自然形成右侧内容突出的效果。

以上的案例虽然设计制作简单，但是通过合理的分割和设计分析，简单的内容也能够形成好的视觉效果和版式效果。

小 结

本章主要介绍了版式设计中的基本视觉流向类型、版式基本的构图与分割的类型，使读者能够将视觉流向设计与版面分割设计综合，按照设计需求完成阅读流向清晰、分割块面明确的排版作品。本章的学习也为后续设计和制作各种类型的版面（包括海报、画册、杂志、单页、电子书籍）排版提供基本知识和技能储备。

思考

1.不同的版式设计视觉流向分别有何特点？

2.不同的版式设计类型应该运用在哪种不同类型的版面媒体中？

04

版式设计中文字的处理和表现

　　文字是人们交流和传递信息的重要手段，是版式设计中的重要构成要素。版式设计中，易读性是对文字进行设计的一条重要原则，而设计师承担了最终呈现的责任。要实现易读的效果，设计师首先要了解文字。文字是有性格的，就像每个人一样，不同性格的人具有不同的特色，不同性格的文字在版面中也承担着不同的作用。其次，就是设计时运用文字能够营造清晰而灵活的版面效果，拉开版面的信息层次。

4.1 | 版式设计中字体的样式和字体的性格

中文字体最常见的有黑体、宋体、楷体，英文字体也同样有常规使用的几种样式，字体样式选择不同，产生的版式效果就不同，在版面中所承担的信息传达的作用也不同。比如黑体粗壮、鲜明、大众化，适合做海报的标题大字，宋体纤细、风骨、精致，适合做正文和段落的内容，而楷体有书写的效果，使版面更生动、亲切、人文味更突出一些。随着在版面设计中字库样式选择的扩大，设计师需要分析各种字体的个性特点，斟酌使用以便于达到好的视觉效果。

精讲视频

版式设计中字体的
样式和字体的性格

宋体

楷体

黑体

幼圆

不同字符的笔画结构和粗细不同

扩展图库

字体的性格

4.2 | 版式设计中文字的排列

文字的排列效果决定了阅读的效果，在版式设计中，常见的有将文字排列成行或块面，或者不同轮廓效果的面。文字排列的方式有以下几种。

4.2.1 左右对齐式

左右对齐式是指文字从左端到右端的长度统一，使文字段显得端正、严谨、美观。在常见的网格版式设计中左右对齐式使用较多。

宣传单页中矩形块面文字形成左右对齐的效果

4.2.2 齐中式

齐中式是指以版面中轴线为轴心，其主要特点是使视线更集中，对称性加强，突出中心。这种排列方式适合招贴设计或者标题的设计，在目录设计、菜单设计、电影片尾字幕设计中也常常采用这种形式。

菜单部分的字体选择了齐中式

4.2.3　齐左或齐右式

　　齐左或齐右式是指文字内容在页面的左边对齐或右边对齐的排列方式。此类型的排列使得文字块面的一端整齐而另一端能够自由地张弛，从而产生节奏变化。其中左边对齐的阅读方式较常见，符合受众的阅读习惯；右边对齐的阅读在版面设计虽比左端对齐式少，但合理使用可以使版面具有新颖的视觉效果。

主题活动页中齐左的文字对齐方式

招贴设计中文字采用右对齐的方式

4.2.4　倾斜式

　　倾斜式是指将文字整体或局部排列成倾斜，形成非对称的版面构图，运用这样的排列方式可以形成动感和方向感较强的版式效果。倾斜式文字排版一般用于招贴设计中，但是随着个性化版面设计的出现，在书籍版面设计和直邮单页的版面设计中也很常见。

扩展图库

字体的对齐

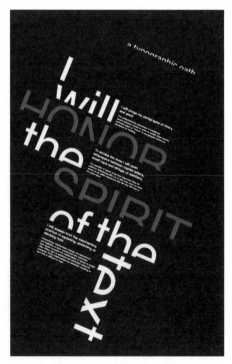

招贴设计中文字采用向右倾斜的方式

4.3 | 版式设计中文字的层次性

文字是版式设计重要的组成要素之一，虽然现代版式设计中很多以图片作为版面中的主导要素，但文字同样具有不可替代性，有时文字还是版面中的唯一元素。同图片的直观效果不同，文字是一种抽象的信息传达要素，容易造成视觉疲劳，所以更需要对文字进行布局，有效调整阅读节奏，做到运用文字在版面中形成明确的主次变化和鲜明的块面划分，这样才能够营造文字的层次性。

精讲视频

版式设计中字号、字间距、行间距的设定

4.3.1　文字的磅值设置与层次性

文字排版要符合人的阅读习惯，便于受众阅读。合理调整字体的大小十分重要。字的磅值是指从笔画的最顶端到最低端的距离。常规书籍排版中一般使用9~12磅的字体，而标题字体的设置可以大于14磅，注解字体为6~8磅。如果在版面中字体的磅值小于7磅，阅读起来会比较费力，但同时版面看起来会较为精致。因此，文字的磅数调整可以很好地在页面中营造信息的主次关系。

文字在版面中可以做标题、副标题、小标题、正文、标注等，对于字号的大小、字体的选择都有需要注意的细节之处。

1.章前页标题字体设计

章前页的字体是提示读者有一部分新的内容出现，因此字体需要有一定的视觉冲击力，字体大小设定在14磅以上，在有的版面中可以更大一些，字符样式一般也会选择粗黑鲜明的，这样效果更加突出。

例如，可以将标题置于版面左上方，形成左对齐排列。

PART 1

引人注目的
章节页字体设计
Attractive
title character design

章节页字体置于版面的左上角

可以将标题置于版面中央，形成中心对齐的排列。

(PART 1)

引人注目的
章节页字体设计
Attractive
title character design

章节页字体置于版面中心

可以将标题文字大胆放大。

PART 1

Attractive

引人注目

的章节页字体设计

title character design

把章节页文字信息中最重要的部分突出放大

可以将满版的照片作为背景放置标题文字。

CHAPTER1

引人注目的
章节页字体设计

**Attractive
title character design**

章节页字体在图片背景上的表现效果1

在照片作为背景的情况下，为了保证标题文字清晰、可识别，可以在标题文字出现的部位覆盖一层底色。

CHAPTER1

引人注目的
章节页字体设计
**Attractive
title character design**

章节页字体在图片背景上的表现效果2

也可以在半透明的照片中插入标题。

CHAPTER1

引人注目的
章节页字体设计

Attractive
title character design

章节页字体在图片背景上的表现效果

2.大标题字体设计

在商业广告招贴设计中，为了丰富和强化标题字体，还可以采用一些修饰方法。字体的磅值可以根据版面设定到更大的夸张比例，目的也是为了突出主题信息，包括以下方法。

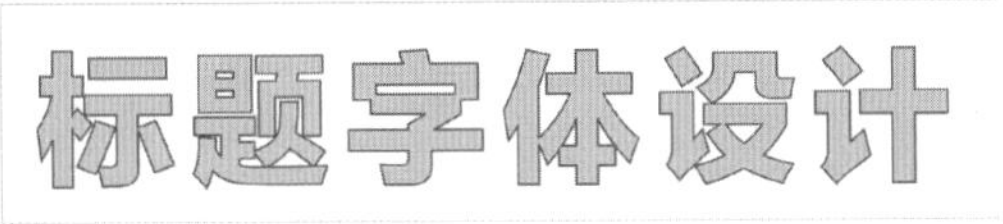

给标题字体的轮廓加边框

单纯将标题文字的轮廓保留

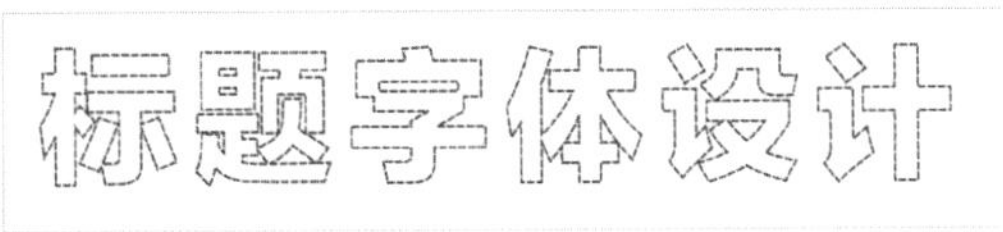

用虚线的形式表现文字轮廓

通过颜色调整重叠形成标题字体

为标题字体添加阴影，形成空间效果

为标题字体添加圆形背景

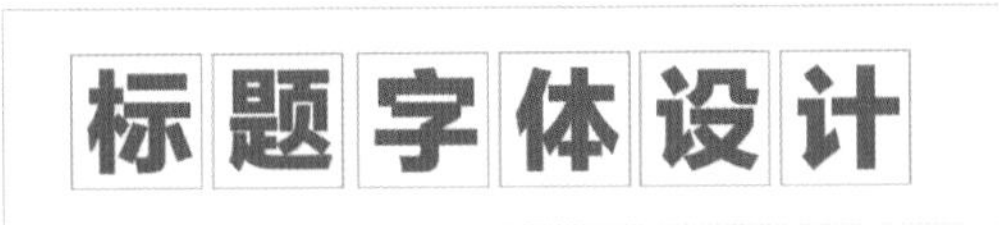

为标题字体添加方形框

标题字体设计

改变标题中每个字体的颜色

标题字体设计

为标题字体的局部做色彩调整

标题字体设计

将标题字体结构中空心部分进行填充，使文字局部形成块面

对汉字标题字体的处理方法也同样适用于英文字体，在具体版面设计过程中，为了能够达到预定的效果，还可以灵活地采用其他的字体表现方式，以上仅仅为初学者提供一些简单的借鉴和参考。

3.中小标题字体设计

中小标题可以引导读者进入正文，分隔文字段落。在设计过程中，要注意中小标题的字体既不能超越或等同于大标题，同时又不能被正文所埋没。一般这类标题字体的磅值控制在14~16磅。针对此类标题字体，可以做以下调整。

三、版面设计中文字的层次性

在排版过程中，文字是重要的组成要素之一，虽然现代版面设计中很多以图片作为版面中的主导要素，但文字同样有其重要性，有时文字就是版面中的唯一元素。同图片的直观效果不同，文字是一种抽象的信息表达要素，容易造成视觉疲劳，所以更需要对文字进行布局，调整阅读节奏，做到文字在版面中的主次变化和块面调整，营造文字的层次性。

四、文字的磅值设置与层次性

文字的排版需要符合人的阅读习惯，方便阅读。掌握文字的字距和行距也十分重要。字的磅值是指从笔画的最顶端到最低端的距离。常规排版一般使用9至12磅的字号，而标题的字号设置可以大于14磅，在版面中如果设置的磅值小于7磅，会给阅读造成一定的困难。因此，文字的磅数调整可以很好地在页面中营造信息的层次关系。

文字在版面中可以做标题、副标题、正文、小标题、标注、标签等，对于字号的大小、字体的选择都有需要注意之处。

在上下段落中留出3行文字的空间，将标题置于中央

三、版面设计中文字的层次性

在排版过程中，文字是重要的组成要素之一，虽然现代版面设计中很多以图片作为版面中的主导要素，但文字同样有其重要性，有时文字就是版面中的唯一元素。同图片的直观效果不同，文字是一种抽象的信息表达要素，容易造成视觉疲劳，所以更需要对文字进行布局，调整阅读节奏，做到文字在版面中的主次变化和块面调整，营造文字的层次性。

四、文字的磅值设置与层次性

文字的排版需要符合人的阅读习惯，方便阅读。掌握文字的字距和行距也十分重要。字的磅值是指从笔画的最顶端到最低端的距离。常规排版中一般使用9至12磅的字号，而标题的字号设置可以大于14磅，在版面中如果设置的磅值小于7磅，会给阅读造成一定的困难。因此，文字的磅数调整可以很好地在页面中营造信息的层次关系。

文字在版面中可以做标题、副标题、正文、小标题、标注、标签等，对于字号的大小、字体的选择都有需要注意之处。

在上下段落中留出3行文字的空间，将标题置于最后一行紧贴正文

三、版面设计中文字的层次性

在排版过程中，文字是重要的组成要素之一，虽然现代版面设计中很多以图片作为版面中的主导要素，但文字同样有其重要性，有时文字就是版面中的唯一元素。同图片的直观效果不同，文字是一种抽象的信息表达要素，容易造成视觉疲劳，所以更需要对文字进行布局，调整阅读节奏，做到文字在版面中的主次变化和块面调整，营造文字的层次性。

四、文字的磅值设置与层次性

文字的排版需要符合人的阅读习惯，方便阅读。掌握文字的字距和行距也十分重要。字的磅值是指从笔画的最顶端到最低端的距离。常规排版中一般使用9至12磅的字号，而标题的字号设置可以大于14磅，在版面中如果设置的磅值小于7磅，会给阅读造成一定的困难。因此，文字的磅数调整可以很好地在页面中营造信息的层次关系。

文字在版面中可以做标题、副标题、正文、小标题、标注、标签等，对于字号的大小、字体的选择都有需要注意之处。

使标题设置在靠前一段落的位置，并用线条分隔开来

版面设计中文字的层次性 在排版过程中，文字是重要的组成要素之一，虽然现代版面设计中很多以图片作为版面中的主导要素，但文字同样有其重要性，有时文字就是版面中的唯一元素。同图片的直观效果不同，文字是一种抽象的信息表达要素，容易造成视觉疲劳，所以更需要对文字进行布局，调整阅读节奏，做到文字在版面中的主次变化和块面调整，营造文字的层次性。

文字的磅值设置与层次性 文字的排版需要符合人的阅读习惯，方便阅读。掌握文字的字距和行距也十分重要。字的磅值是指从笔画的最顶端到最低端的距离。常规排版中一般使用9至12磅的字号，而标题的字号设置可以大于14磅，在版面中如果设置的磅值小于7磅，会给阅读造成一定的困难。因此，文字的磅值调整可以很好地在页面中营造信息的层次关系。文字在版面中可以做标题、副标题、正文、小标题、标注、标签等，对于字号的大小、字体的选择都有需要注意之处。

在正文的开头部分插入标题，同时用线隔开

三、版面设计中文字的层次性 ‖

在排版过程中，文字是重要的组成要素之一，虽然现代版面设计中很多以图片作为版面中的主导要素，但文字同样有其重要性，有时文字就是版面中的唯一元素。同图片的直观效果不同，文字是一种抽象的信息表达要素，容易造成视觉疲劳，所以更需要对文字进行布局，调整阅读节奏，做到文字在版面中的主次变化和块面调整，营造文字的层次性。

四、文字的磅值设置与层次性 ‖

文字的排版需要符合人的阅读习惯，方便阅读。掌握文字的字距和行距也十分重要。字的磅值是指从笔画的最顶端到最低端的距离。常规排版中一般使用9至12磅的字号，而标题的字号设置可以大于14磅，在版面中如果设置的磅值小于7磅，会给阅读造成一定的困难。因此，文字的磅数调整可以很好地在页面中营造信息的层次关系。

文字在版面中可以做标题、副标题、正文、小标题、标注、标签等，对于字号的大小、字体的选择都有需要注意之处。

标题紧贴上一段正文部分，在标题的开头和结尾加装饰线

三、版面设计中文字的层次性

在排版过程中，文字是重要的组成要素之一，虽然现代版面设计中很多以图片作为版面中的主导要素，但文字同样有其重要性，有时文字就是版面中的唯一元素。同图片的直观效果不同，文字是一种抽象的信息表达要素，容易造成视觉疲劳，所以更需要对文字进行布局，调整阅读节奏，做到文字在版面中的主次变化和块面调整，营造文字的层次性。

四、文字的磅值设置与层次性

文字的排版需要符合人的阅读习惯，方便阅读。掌握文字的字距和行距也十分重要。字的磅值是指从笔画的最顶端到最低端的距离。常规排版中一般使用9至12磅的字号，而标题的字号设置可以大于14磅，在版面中如果设置的磅值小于7磅，会给阅读造成一定的困难。因此，文字的磅数调整可以很好地在页面中营造信息的层次关系。

文字在版面中可以做标题、副标题、正文、小标题、标注、标签等，对于字号的大小、字体的选择都有需要注意之处。

将标题设置于深颜色色带中，并进行反白表现

三
版面设计中文字的层次性

在排版过程中，文字是重要的组成要素之一，虽然现代版面设计中很多以图片作为版面中的主导要素，但文字同样有其重要性，有时文字就是版面中的唯一元素。同图片的直观效果不同，文字是一种抽象的信息表达要素，容易造成视觉疲劳，所以更需要对文字进行布局，调整阅读节奏，做到文字在版面中的主次变化和块面调整，营造文字的层次性。文字的排版需要符合人的阅读习惯，方便阅读。掌握文字的字距和行距也十分重要。字的磅值是指从笔画的最顶端到最低端的距离。常规排版中一般使用9至12磅的字号，而标题的字号设置可以大于14磅，在版面中如果设置的磅值小于7磅，会给阅读造成一定的困难。因此，文字的磅数调整可以很好地在页面中营造信息的层次关系。文字在版面中可以做标题、副标题、正文、小标题、标注、标签等，对于字号的大小、字体的选择都有需要注意之处。

使标题的排列方向与正文的排列方向垂直，在横向的正文排版中标题呈垂直排列，在纵向的正文排版中标题呈水平排列

三 版面设计中文字的层次性

在排版过程中，文字是重要的组成要素之一，虽然现代版面设计中很多以图片作为版面中的主导要素，但文字同样有其重要性，有时文字就是版面中的唯一元素。同图片的直观效果不同，文字是一种抽象的信息表达要素，容易造成视觉疲劳，所以更需要对文字进行布局，调整阅读节奏，做到文字在版面中的主次变化和块面调整，营造文字的层次性。文字的排版需要符合人的阅读习惯，方便阅读。掌握文字的字距和行距也十分重要。字的磅值是指从笔画的最顶端到最低端的距离。常规排版中一般使用9至12磅的字号，而标题的字号设置可以大于14磅，在版面中如果设置的磅值小于7磅，会给阅读造成一定的困难。因此，文字的磅数调整可以很好地在页面中营造信息的层次关系。文字在版面中可以做标题、副标题、正文、小标题、标注、标签等，对于字号的大小、字体的选择都有需要注意之处。

通过标签效果处理，使标题与正文部分连接并区分开来

版面设计中文字的层次性

在排版过程中，文字是重要的组成要素之一，虽然现代版面设计中很多以图片作为版面中的主导要素，但文字同样有其重要性，有时文字就是版面中的唯一元素。同图片的直观效果不同，文字是一种抽象的信息表达要素，容易造成视觉疲劳，所以更需要对文字进行布局，调整阅读节奏，做到文字在版面中的主次变化和块面调整，营造文字的层次性。文字的排版需要符合人的阅读习惯，方便阅读。掌握文字的字距和行距也十分重要。字的磅值是指从笔画的最顶端到最低端的距离。常规排版中一般使用9至12磅的字号，而标题的字号设置可以大于14磅，在版面中如果设置的磅值小于7磅，会给阅读造成一定的困难。因此，文字的磅数调整可以很好地在页面中营造信息的层次关系。文字在版面中可以做标题、副标题、正文、小标题、标注、标签等，对于字号的大小、字体的选择都有需要注意之处。

对标题的第一个字进行放大夸张的修饰，同时保持标题部分整齐的块面效果

4.页眉页脚字体设计

连续的页面设计中，页眉页脚可以增加页面的延续性，页眉页脚部分的文字主要承担着提示页码和内容名称或篇次的作用，磅值大小一般在6~8磅，其设计的种类样式不一，各具特色。页眉页脚的文字磅值一般比正文小，在7磅左右，也有的为了突出而适当地加大磅值。页眉页脚相关文字的处理表现方法有以下几种。

01　文化之旅. 锦绣中华　　　　　　　　　　　　　　　　　文化之旅. 锦绣中华　02

将页眉页脚文字放置在地脚¹外侧，与正文两端外侧边缘对齐

01　文化之旅. 锦绣中华　　　　　　　　　　　　　　　　　文化之旅. 锦绣中华　02

将页眉页角文字放置在天头²外侧，与正文两端外侧边缘对齐

1　地脚：正文下端边缘到页面最下端的距离。
2　天头：正文上端边缘到页面最上端的距离。

将页眉页角文字放置在切口¹中间位置

将页眉页脚文字放置在地脚内侧，与正文两端内侧边缘对齐

---

1 切口：版面左右两端被裁切的边缘。

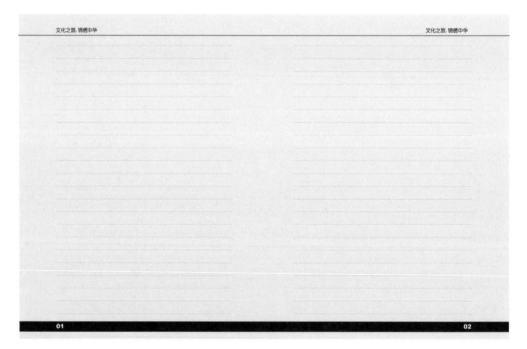

文化之旅，锦绣中华
01

文化之旅，锦绣中华
02

将页眉页脚文字放置在地脚中央

文化之旅，锦绣中华

文化之旅，锦绣中华

01

02

添加装饰线和铺设底色，将页眉页脚的文字与正文明确分开

只在一页中放置页眉页脚文字，并且形成左上与右下的对称关系

大胆加大页脚数字的表现效果

将页眉页脚文字放置在裁切线[1]上

1　裁切线：如果排版的媒体为纸质对象，在出图和印刷后，需要对对象进行裁切。裁切线是对页面上下左右四边裁切过程中制定的参考线，以保证版面最终的呈现效果。

将页眉页脚文字嵌入正
文中，并用线条分隔开

5.标签字体的设计

设计过程中在面对较多连续页面时，如果设计师想要读者看到每一页时能够了解其所属的章节、范畴，可以加入标签文字设计。标签文字的磅值在7~14磅。相关文字的处理表现方法有以下几种。

沿着页面左右两侧切口边缘设置文字

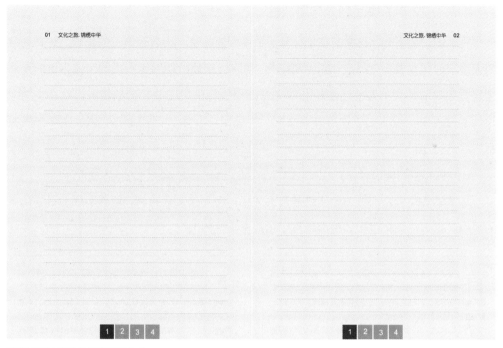

沿着页面地脚边缘部位设置文字

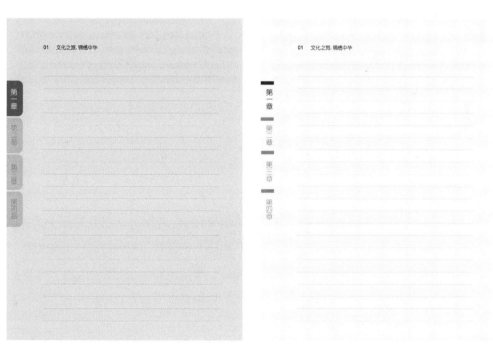

沿着页面左右两侧切口边缘设置文字，并将文字设计
成类似文件夹标签的样式效果

沿着页面左右两侧切口边缘设置文字，并运用装饰线
区分设计标签

4.3.2　文字的块面划分与层次性

同标题文字不同，正文文字部分是版面中相对集中、内容较紧凑的部分。正文文字的大小一般控制在9~12磅，常选择宋体、仿宋、细黑、幼圆等纤细的字体，目的是阅读视觉效果清晰，不容易造成粗壮字体在缩小过程中挤压成一团的情况。在正文文字设计的过程中，细节上应注重开头文字、字间距与字体、行间距与字体、字体分段关系方面的处理。

1.开头文字字体设计

文章段落开头处的第一个字就是开头文字，将开头文字强调，能够明确地引导读者的视线。对于开头文字字体的设计有以下几种。

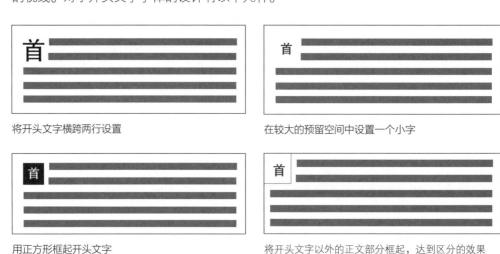

将开头文字横跨两行设置　　　　　　　　　在较大的预留空间中设置一个小字

用正方形框起开头文字　　　　　　　　　　将开头文字以外的正文部分框起，达到区分的效果

2.字间距与字体、行间距与字体的关系

字体间距的每一次调整都会影响到整体字符之间的关系，而行间距的调整则会影响到视觉流向。通过下面两个图例就可以看出，正文排版中，根据字号的大小合理制定字间距和行间距对于文字内容清晰的表现也有重要影响。字体间距的设置要根据字体的粗细和字体的层级关系设定。例如：字体是粗黑，间距可以相对拉大，以免视觉上字体挤在一起或者影响印刷效果。字体是细圆体，字间距可以相对拉小，使文字看起来紧凑。其中，标题文字的间距变化较大，需要根据具体内容和标题大小来定，而正文文字的间距数值一般在−20~20。

行间距是指从上一行字体的顶端到下一行字体顶端的距离。如果正文文字的磅值在9磅，行间距一般要设置在13~15磅才能避免阅读方向混乱的情况出现，过小的行距和过大的行距都不利于阅读和版面的视觉效果。

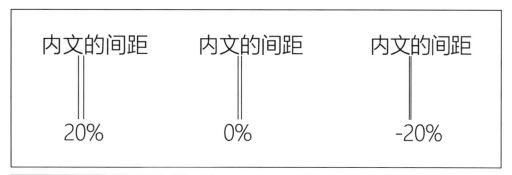

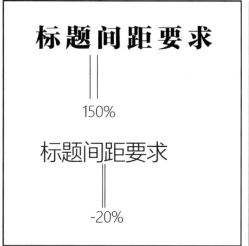

字间距规范

内文间距过松

123456789
123456789123456789 1
234567891234567 8912
3456789123456789123

内文间距过紧

123456789
12345678912345678911234567 89123
23456789123456789123456789123 45
3456789123456789123456789123456

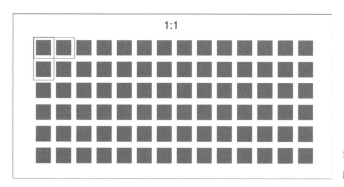

容易造成混乱的行
间距与字间距

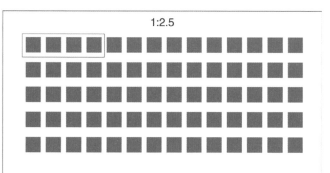

明确地沿水平方向
阅读的行间距

版式设计
基础与实战
（慕课版）

ART
DESIGN

3.字体的块面划分

在正文文字排版的过程中，块面的划分十分重要，因为版面设计的载体有不同的面积和尺寸，不可能所有尺寸的版面中文字从头排到尾，这样的版面会单调，也容易造成读者的疲劳，所以需要在版面中划分区域，调节阅读节奏，增加页面的块面变化。字体的块面划分形式有以下几种：

将版面正文文字分成2栏[1]

将版面正文文字分成3栏

---

1 栏：在排版过程中，在纵向上对版面的划分，为图片和文字的排列形成布局参考。

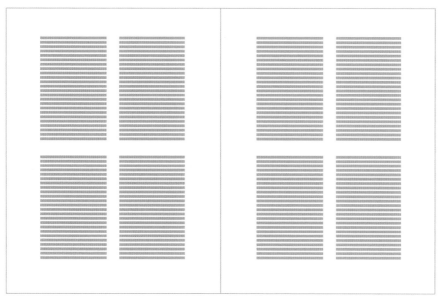

将版面正文文字分成4栏

将版面正文文字分成不等宽的栏结构

　　值得注意的是，在正文文字的排版中不仅要控制行与行之间的间距，还要控制栏与栏之间的距离，栏间距有5mm、8mm和10mm等，可以通过实际需要和自身的习惯、经验来选择合适的单位。

栏与栏之间的距离

4.3.3　文字的色彩处理与层次性

除了上述提及的方式可以增加文字的层次性、块面性，我们还可以通过细节色彩的微调达到同样的版面效果。

例如：可以在页面正文分栏的基础上，通过为专题栏添加背景色，区分文字块面。也可以为版面整体铺着浅底色。还可以在深颜色背景或图片背景中排列反白文字，或者运用彩色色带综合不同的文字对齐方式，为每一行的文字铺着底色等。

深色背景与浅色文
字的对比排版

亮色背景与深色文字的
对比排版

总之，在针对文字内容的排版过程中，营造信息层次明确、块面干净清晰的效果是设计师必须把握的。

扩展图库

4.3.4 文字分栏的具体过程解析

第一，根据版面的尺寸和设计内容的要求制定好版心，在版心范围内确定横向和纵向的分栏。

网络文字排版设计——文字的布局与层次性

第二，根据划分的单元格具体设定栏间距。接着就是置入文字内容。

第三，明确文字信息的层次关系，为文字（包括一级标题、二级标题、正文文字等）设定合理的字符、字号、行间距、字间距。下面6至8的图例中就是根据设定的文文字层次关系，结合网格具体地布局每一个页面的文字。需要注意的问题是，文字必须严格控制在单元格中，每一块布局的文字要严格根据栏间距的设定间隔开。同时，还要把握好文字布局的变化，尽量使每个页面都有调整。

第四，就是为标题文字、正文文字背景添加色块形状，以便进一步清晰化整个页面文字的层次关系，下图中9至14的图例中为了避免页面单调乏味，穿插了一些图形内容。

总之，在文字较多的连续页面排版设计中，需要细致合理的策划以及有效的布局和调整，才能形成明快、清晰、层次鲜明的版面效果。

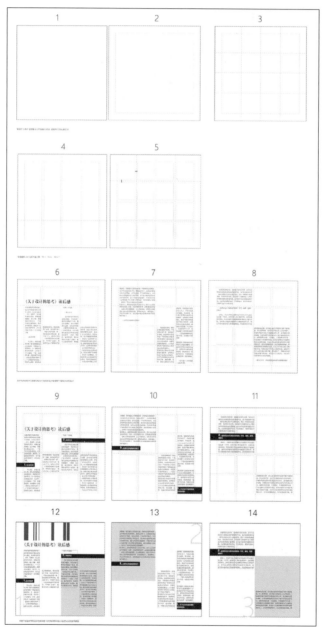

文字较多的连续页
面排版设计

4.4 | 版式设计中文字的其他处理表现方法

以上是在版式设计中需要注意的细节内容，这也是我们在书籍、杂志、报刊等常规排版过程中涉及文字排版时需要掌握的知识。另外，文字在版面设计中也可以作为主要的、可变化的图形要素进行表现和设计，这在招贴设计中十分常见。这种情况下，在文字比例、大小变化、字符选择、版面布局方面的灵活度会更高一些。

精讲视频

版式中文字排版的
其他技巧

扩展图库

招贴字体设计

以文字为主的招贴设计

4.5 | 项目演练——书籍中文字的排版

在掌握排版过程中针对文字需要注意的问题后，下面我们根据提供的素材针对文字进行排版设计。在常规的书籍文字排版过程中主要注意几方面的问题：字符、字号、文字块面、文字色彩。

精讲视频　　　精讲视频

项目演练——书　项目演练—— 书
中文字的排版1　籍中文字的排版2

步骤提示：

（1）一般可以使用 InDesign 软件对文字进行有效排版，需要将 Word 文档中的文字复制粘贴在排版软件文本框中。在排版之前注意整体调整设置字号、行间距，选择合适的字体。

（2）页面一般为对称页，将文字置入到左右两个页面中。

（3）如果文字多，简单地将文字整版排两面，视觉效果上会显得单调死板。所以可以根据之前讲到的划分单元格和分栏将文字大块面切分成小块面，这样版面看起来会轻松一些。

对称页面

将文字大块面切分成小块面

（4）增加页眉页脚，其中页眉部分可以放置内容主题，页脚部分可以放置页码，用线划分页眉页脚和正文区分不同区域。

（5）在页面左右两侧增加标签部分，并调整段落首字母位置和大小，增强文字信息的层次感。

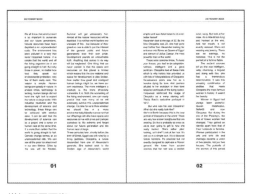

增加页眉页脚

增加标签

（6）在此基础上，可以尝试适当调整色彩以达到页面的连续变化效果。色彩的调整可以通过增加底色或者改变文字颜色实现，这样整体效果层次清晰，在保留块面的前提下又有细节的变化。

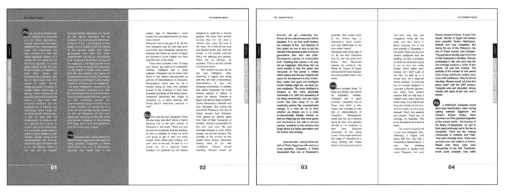

调整色彩

4.6 | 综合项目实战——文字招贴文字排版设计

在类似的文字排版中主要注意几方面的问题。文字的角度、强烈的节奏变化、文字的拆分与组合以及文字的色彩表现。

精讲视频   精讲视频

综合项目实战——   综合项目实战——
文字招贴文字排版   文字招贴文字排版
设计1   设计2

步骤提示：

（1）在平面设计软件的新建页面中直接输入文字，文字作为标题性质的内容展示可以选择鲜明粗壮的字符，将文字字号调大。

ENJOY MUSIC
ENJOY LIFE

输入文字

（2）将文字局部加选框，切分并移动，使文字局部和主体之间错位分开，避免呆板地排列。

调整文字

（3）调整文字颜色大小和位置，调整字体块面的颜色，调整字体和背景之间的颜色层次，并添加小字增加版面节奏变化。

最终效果

以上案例只是文字特殊效果处理排版中的一种，掌握好层次和节奏的变化可以形成不同的样式。

小 结

本章节学习的主要目的是了解字体性格，在常见版面中字体的对齐方式，以及如何在各种类型的常规版式中通过字符样式、字号、行间距、字间距的控制和调整，包括文字块面的划分与调整，文字与图形色彩的图底关系控制来体现版式设计中文字的层次性。通过本章节的学习和实战项目，读者也能够设计和制作出块面明确、信息层次分明的文字排版。另一方面，结合文字的图形化属性能够制作出更加多样丰富的文字效果。

思考

1.如何抓住文字个性特点在排版中选择使用？

2.如何在文字排版过程中体现鲜明的层次和块面效果？

05

版式设计中图片图形的处理和表现

　　图源于人们对事物的认识，相对于文字，图能够更加直接地传递信息，给人留下深刻的印象，接受度也更广泛。因此，版式设计中恰当地选择和使用图显得尤为重要。

5.1 | 对于版式设计中图的一般认识

图不仅包括图片，还包括插图、图表等内容，图在版式设计中是有着记录功能、艺术功能、交流功能的信息载体。作为信息载体，设计和运用前需要设计师对图片图形进行简单的浏览和分类。

精讲视频

版式设计中图片的
分类

5.1.1 图片的选择

在排版过程中，图片不是拿来即用的。在排版之前，设计师对提供的图片做适当的观察思考和筛选是十分必要的，这是为了能够更好地在设计过程中使用。因此，在运用图片之前要对其做一个分类。分类的方法有很多种，如下所示。

首先，根据图片的功能和意味来分。委托方需要什么样的页面结构，根据这些具体的内容和要求，图片各自的功能和呈现方式也不同。例如，下面的图片是为一本杂志某章节版面所提供的图片，设计师可以根据文字内容的需要分类：比如按照场景分类（山川、河流、花草、建筑……），按照季节分类（春、夏、秋、冬……），按照地域分类（乡村、城市……）；也可以按照图片的特点分类：比如按照图片质量分类、按照图片中场景的远近分类等。

图片分类

其次，可以按照图片的色调来分类，这样能够为后面的排版设计制定好图片与背景色彩的前后层次关系。例如色彩明亮或暖色调的图片可以事先归为一类，用于版面需要设计的前景内容。色彩深沉或冷色调的图片也可以归为一类，用于版面需要设计的背景内容。当然，以上的关系也可以对调。另外，可以将同一色调的图片或者整体色调相邻的图片罗列在一起，以便在后面排版的过程中可以使版面看起来更加统一。

再次，根据图片本身的构图或拍摄角度进行分类，正式、俯视、仰视、朝左、朝右、特写、远景等不同图片可以在排版过程中分配在版面的不同位置。这样在版面中布局的图片会更加符合读者的视角观察习惯。下图中仰视角度的图片和俯视角度的图片可以分别安排在页面上方位置和下方位置。

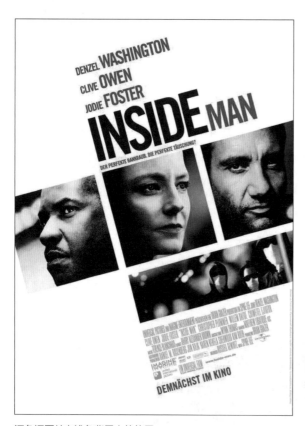

深色调图片在浅色背景上的使用

仰视角度的图片和俯视角度的图片

5.1.2 图片的信息层次调整

图片在版面中会有主次强弱之分，设计者在排版过程中要明确图片的主次关系布置调整图片，其中可以运用位置摆放、大小尺寸对比、图底关系对比等多种方法设计出信息层次明确的图像版面，也更有利于读者的阅读。

精讲视频

图片的信息层次
调整

1.图片与图片之间的关系处理

要调整版面中图片的顺序和大小，首先是需要对页面结构的基本脉络和文字信息有所把握，然后做主次大小的排列，需要注意的是图片大小的对比关系在设计排版过程

图片大小比例调整

杂志中整合不同尺寸的图片形成整体块面

中要突出一些，在同一版面中过多的图片大小变化容易造成版面的杂乱。如果想避免这种杂乱的情况出现，最好的方式就是整合和拼贴这些图片，使其在版面中形成整体块面。

2.图片与文字之间的关系处理

单纯只有文字或只有图片存在的版面其实所占比例较小，在排版过程中图文组合的情况十分多，所以更多的排版设计需要设计师能够将两部分内容合理地组织在一起。首先，常规书籍排版中需要注意统一好文字和图形的边线，同时不能使用图片随意切断文字的阅读方向，以免误导受众的阅读。

横向排列的文字中图片穿插于文字的走向

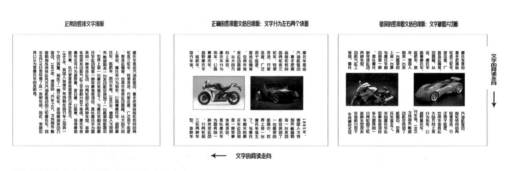

纵向排列的文字中图片穿插于文字的走向

在图文需要叠加表现的版面中不能以图盖文，也不能以文盖图。要保证两者之间清晰的层次关系（一般是通过色彩调整实现的）。同时，应注意文字不能覆盖在图片主要内容的位置上。

3.图片在整体版面中的层次关系

除了与文字搭配以外，图片还会与背景色彩、底纹以及一些图形元素组合，无论元素的多少，都要求呈现清晰的版面层次关系。图片可以通过深色背景的衬托鲜明地展现在版面上；如果图片是版面中的主要元素，那么背景色彩和底纹要能够反衬图片，文字也应该以块面的形式与图片区分开来。

图片放置在深背景上

图片与块面文字在浅色背景中的使用

扩展图库

常规书籍杂志中
图片的排版

精讲视频

版式设计中图片
的布局

5.1.3　常规书籍版式中图片与文字的组合布局形式

　　在常规书籍版式设计中，图片与文字是最重要的元素，明确的块面组合是处理图片和文字排版效果中要解决的最基本的问题。其中有以下几种常用形式。

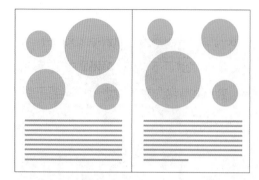

文字规则设置与图片自由布局的组合[1]

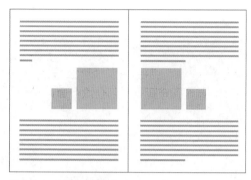

图文左右对称的版面组合

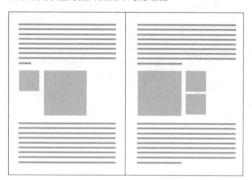

图文左右变化的版面组合

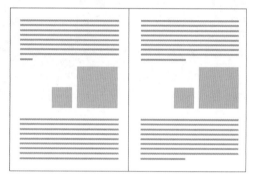

左右页面图文配置相似的组合

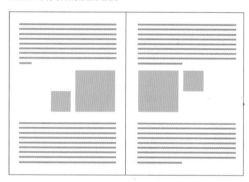

在斜线方向上图文配置对称的组合

台阶式下降的组合

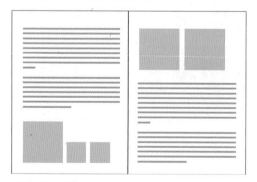

台阶式上升的组合

在对页的单面页上方设置图片

1　灰色条状代表文字块面，橙色图形代表图片。

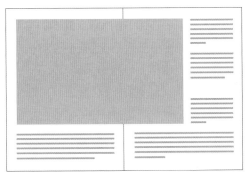

主体图片的一部分延伸到另一个页面中

将主体图片安排在版面中央，并以文字围绕（需要注意的是跨装订线放置的图片，其主要内容位置部分不要出现在装订线上）

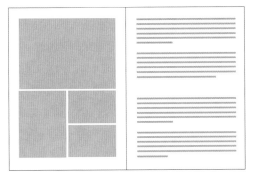

将文字和图片要素分别安置在不同的页面中

个别页面中设置出血[1]的图

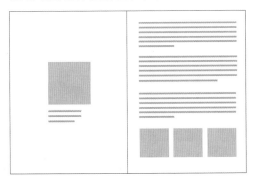

将主次图片分别放置在不同页面中

将主体图片设置于整版对页的右下角并跨页延伸

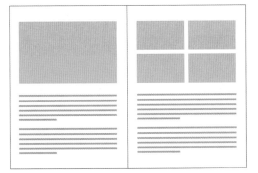

图片与文字分置于版面上下不同的位置

将图片要素分置于两页面的切口处附近

1　出血：是指印刷品在裁切的时候裁掉的部分，一般出血设置为3毫米，以保证裁切后的版面更加美观。

图片要素不与文字栏对齐，个别图片可以设置为出血

将版面分割成小方格，在方格中置入图片和文字，同时保留少量空白方格

　　总之，图片文字的组合方式很多，在连续的页面中要注意每个单页的图文布局不要拘泥为一种形式，能够在排版过程中体现图文布局的变化，增加整体系列版面的节奏性。

5.1.4　针对图片的其他处理技巧

　　除了以上一些规则的图片布局和图文组合的方法之外，图片有更加灵活的组合和表现技巧，用来活跃版面的表现形式。

1.规则图片的处理技巧

　　在排版过程中，为了增加画面的丰富性，让索然无趣的图片有更加丰富的表现效果，可以适当运用一些技巧。例如：

将图片嵌入圆形框内

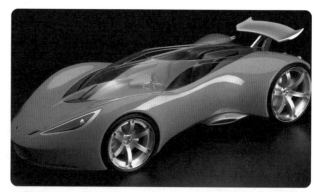

将图片嵌入圆角矩形框内

多张图片用张弛效果展示

多张图片无缝式拼接起来

将图片以大头针或回形针形式固定

2.自由边图片的处理技巧

　　自由边图片是指沿着图像中形象的轮廓剪裁出来的图像形状，由于没有规则直线或曲线的束缚，将这些图片运用到版面中会显得活泼亲切。在一些商品目录手册和广告宣传单为代表的版式设计中，需要大量的商品近景实物照片以增加产品的亲和力，因而会大量使用此类图片。以下是对这种类型图片的处理表现。

通过圆形将突出部分放大

使图片中主体部分的局部突出外框

将图片沿轮廓剪裁并组合

将图片沿轮廓剪裁并放大出血

只对版面中的主要图片剪裁处理，将次要图片布局在
规整的矩形区域之内

对版面中的次要图片剪裁处理，将主要图片布局在规
整的矩形区域之内

5.1.5 图片布局过程分析

以下案例是针对图片的排版设计过程，如同对文字排版一样。

第一步，是确定版心范围，根据版面大小划分出等比例的单元格，同时确定栏间距。

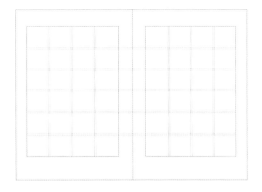

建筑画册图片布局1

第二步，对图片进行分类，可以根据图片质量、图片内容、图片色调分类，也需要根据文字内容合理安排图片。

建筑画册图片布局2

第三步，布局图片。在布局过程中，图片较文字有更大的张力，图片可以出血，可以更多地跨单元格或者装订线放置。

建筑画册图片布局3

　　提示：每张图片使用前需要检查，要去除水印和标注，图片质量要达到要求（主要指尺寸和分辨率）；图片色调需要根据整体设计效果调整；图片布局尽量在网格的基础上多样化，形成统一变化的效果；图文排版完成后需要加入适当的底色或者辅助色调整；图片必须等比例缩放，不需要的部分可以裁切。

扩展图库

商业画册、广告单页、包装设计作品中图片的排版

5.2 | 项目演练——主题网站界面设计

精讲视频

　　本项目练习主题网站的界面设计，练习重点为：恰当剪裁图片、巧用自由边缘图片、正确划分页面、正确运用图片在画面中构图，以及掌握图片与文字的关系、图片与背景的关系、图标Logo的恰当使用。

项目演练——主题网站界面设计

步骤提示：

（1）本案例提供了若干图片素材，首先要把图片浏览一遍，分清楚主次的关系。其中有页头Banner使用的图案纹样，也有页面中放置的常规图片。接着，需要对页面的工作区域进行划分。

（2）对页头和页面的主辅色调定位，同时使用图片素材作为底纹装饰页头。

（3）在页头部分放置文字，注意文字的对齐和大小字号的调整，以便于形成鲜明的信息层次关系。

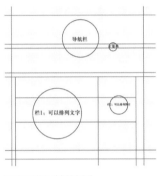
页面工作区域的划分

装饰页头

放置页头文字

（4）衔接页头部分放置页面中间部分的Logo图形和对称文字块面，色彩块面延续页头的色彩定位。

（5）将图文工整地对齐排列，由于选择的图片整体色调明亮，因此可以增加底色色块，一方面有效明确图底关系，另一方面分隔文字区域和图片区域。

放置Logo图形和对称文字块面

文字区域排版

图片区域排版

（6）最后，根据主页面的版式效果，设计子页面，在色彩、页面划分、图文分布方面做到风格统一。

设计子页面1

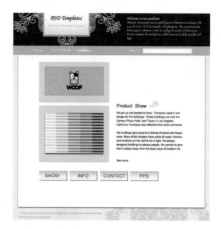

设计子页面2

扩展图库

新媒体中图片
的排版

5.3 │ 综合项目实战 ── 杂志封面和内页的排版

精讲视频   精讲视频   精讲视频

综合项目实战——   综合项目实战——   综合项目实战——
杂志封面和内文的   杂志封面和内文的   杂志封面和内文的
排版1   排版2   排版3

本项目练习"建筑与设计"杂志封面和内页的排版，练习重点为：如何整合版面中的图片、如何调控图片的分布与节奏、如何调整图片的层次、如何调整图片与文字的关系、如何对图片与色块的组合进行搭配。

步骤提示：

（1）首先，与前一个设计案例相比，这则练习中图片和文字内容较多，可以根据前面图文组合方式变化的例子作为参考进行排版。在排版之前，先浏览一下图片，在连续页面中页面背景有深浅变化，因此，可以先将图片分为深色调和浅色调图片。

（2）以"建筑与设计"为题目，设置封面封底为深蓝色，内页为浅灰色，主体色调沉静明快。目的是给后面连续页面做整体色彩基调的定位。

整体色彩基调定位

（3）下面就是图片的运用，在第1章封面中可以放入浅颜色图片，在内页中放入深颜色图片，图片在每一个页面中可以单独放置，可以并置，也可以作为背景出血摆放，这样页面和页面之间会有变化。图片在缩放过程中要注意等比例缩放。

图片的运用

（4）接着在版面中使用矩形选框工具绘制一些简单的图形色块，深色背景中放入灰色图形，浅色背景中放入深蓝色图形，这样整体版面设计有前后连续性。

绘制图形色块

（5）置入文字内容，文字内容以块面的形式分布在内页页面中，在灰色页面中设置黑色字体，在蓝色块面中设置白色字体，以达到整体页面的色彩呼应，同时形成层次分明的页面视觉效果。

置入文字内容

（6）最后，在版面中增加红色方框图形。一方面起到符号引导的作用，另一方面同样可以加强版面的连续性，暖色调的红色框也可以与冷色调版面形成对比，起到点缀版面的效果。

增加红色方框图形

小 结

　　本章节我们主要学习了版式设计中图片的分类方法，在任何类型的版式设计中都需要对图片进行梳理，同时在图片和版面背景的搭配上、图片和文字的组合关系上需要做到层次清晰、块面分明的效果。另外，对于图片也有灵活的表现和处理方法，在后续章节的综合练习中，读者将体验运用更加深入巧妙的方法使用图片图形元素进行排版。

思考

1.在排版之前应该对图片做怎样的选择和分类？

2.版面中常见的图文组合方式有哪些？

3.版面中常见的图片处理表现方式有哪些？

06

版式设计中色彩的处理和表现

色彩是版面上必不可少的要素，整体色彩的把握直接关系到版面的视觉效果。合理地使用色彩能够使版面丰富而有活力，不同基调的色彩能够准确地表现不同的视觉情绪，画面的色彩关系也直接影响了排版风格的表达。如果说图和文字是搭建版面结构的基本要素，那么色彩就好比图文穿着的外衣，点缀和妆扮着这些要素，形成不同的风貌。

6.1 | 色彩概念和基本理论

从平面设计的角度看，色彩是可视的、对人有情感影响的、客观存在的颜色状态。色彩的三要素包括色相、明度、纯度，无论从绘画角度还是从设计角度这都是进行色彩搭配的基础。

下面两则版面设计的案例中，一则会使受众体验热情活力的情绪，另一则却带给人一种轻盈恬静的感觉，其根本原因是色彩的合理使用。

精讲视频

版式色彩基本原理

商业海报设计

图形创意海报设计

扩展图库

国外画册版式色彩设计

6.1.1 色相的使用

版面设计中色彩的第一要素是色相。色相是每种色彩的相貌，是区分色彩的主要依据，是色彩的最大特征。在色相搭配中，同类色的搭配及色相环中相邻色彩的搭配给人统一整体的感觉。对比色搭配及色相环中相对的色彩组合在活跃画面的同时给人不安定感。因此，如果想营造对比强烈的版面效果，可以使用色相环中相对的颜色搭配，反之亦然。

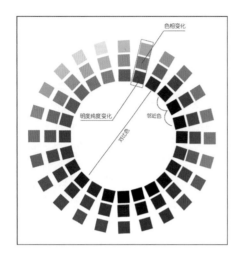

版面配色过程中参考的色相环

版面色彩效果和谐

版面色彩效果强烈

6.1.2　明度和纯度的使用

扩展图库

明度是色彩的明暗差别，即深浅差别。色彩组合明度高的版面轻松、明快，色彩组合明度低的版面深沉、稳重。纯度是各种色彩中包含的单种标准色的成分的多少，纯度越高，色彩感觉越强。儿童类读物往往采用纯度高的色彩展示，其鲜亮、饱满的色泽往往是孩子的最爱。文学书籍、画册的设计在色彩选择上往往适于采用纯度低的色彩，能够体现其品位和稳重感。下面的两则案例中，前者是主题海报，在色彩使用上选择纯度较高、较为鲜亮的颜色。后者是号召保护动物的公益宣传海报，采用了明度高、纯度低的色彩，使整体的风格庄重、稳定。

品牌推广版式设计

纯度高鲜亮的背景招贴设计　　　　　　　　纯度低柔和的背景招贴设计

6.2 | 版式色彩设计的方法

如果仔细观察一套系列版面设计的每一个单元版面，会发现其中均有贯穿的主色调和变化的辅助色彩存在。在排版过程中为了保证色彩与内容贴切，并能够保证整个版面色彩系统的贯穿和协调，需要对版面色彩进行设计规划，一般在设计过程有以下几个步骤。

精讲视频

版式色彩设计的方法

6.2.1　确定主色调

为了避免杂乱，增强统一的视觉效果，排版需要根据所表现的内容确定一种至两种起支配作用的主色，从而获得统一整体的色彩效果。因此，如下图所示在版面色彩设计的过程中，根据设计内容定位设计风格后，首先要定位版面的主色调。

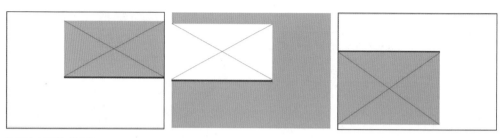

版面主色调为蓝白色

6.2.2　确定色彩搭配可视度

在主色调确定后，根据主色调和设计主题可以选择搭配色彩并运用到版面中，如果搭配色与主色调色相、明度、纯度接近，整个版面会带给读者柔和、平静的感受；反之，搭配色与主色调差异大，加上明度和纯度的调整，会使整个画面看起来强烈、跳跃。

辅助色调为橙色、灰色

6.2.3　色彩比例的分配和色彩在具体要素中的运用

最后是进行色彩比例的分配，这一步一般是与前两步同时进行的，在版面中1∶1的色彩比重分配一般是不存在的，一般主色和搭配色会以7∶3或6∶4的比例分配关系出现在版面中，使得版面有主次轻重的变化。同时，色彩不仅指运用在版面背景和辅助图形色块中的颜色，文字部分也需要根据版面色彩体系的要求调整颜色。图片作为版面中的重要元素本身就有色彩倾向，所以在版面中图片可以作为主色或搭配色。

精讲视频

版式色彩设计的方法与项目实战

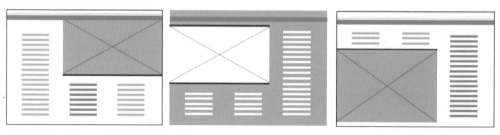

调整色彩的比例关系，达到版面色彩的呼应

利用色彩基本原理进行版式配色设计可以使版面产生胀缩感、进退感、轻重感等，这些都有利于更好地完善和美化整体效果。

扩展图库

文化画册版式色彩设计

6.3 | 项目演练——苹果产品宣传单页的版式设计

精讲视频库

项目演练——苹果产品宣传单页的版式设计

本节尝试使用同样的苹果产品宣传单页的版式设计样式，形成不同的版式色彩风格。在黑白色调的基础上，调整主要颜色、搭配颜色。以下是调整过色彩的几则案例，第1个案例中黑白色调对比强烈，简洁、

黑白色调的版面

时尚。第2个案例中白色和紫色调对比同样强烈，感觉更加清爽。在第3个案例中使用了浅灰绿和深绿色彩，版面较为和谐。第4个案例中，橙色和黑色的搭配不仅对比强烈，而且形成了鲜明的冷暖对比。在调整版面的每一种色调的同时，文字色彩和符号色彩也需要同步调整。

紫白色调的版面

绿色系色调搭配

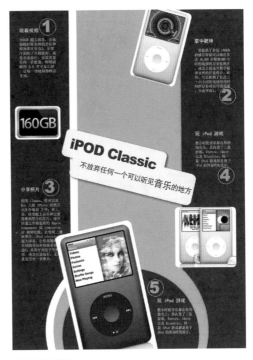

橙黑色调搭配

扩展图库

网页页面版式色彩设计

6.4 | 综合项目实战——单色招贴版式色彩整体调整

精讲视频

下面的实战案例提供了一张黑白灰效果的校园招贴设计，使用合理的方法，也可以将单调的画面设计调整成各种色调的样式效果，例如温暖活力的色调、沉着恬静的色调，不同的色调效果可以使画面呈现出不同的版面气氛。

综合项目实战——单色招贴版式色彩整体调整

黑白灰效果的校园招贴设计

暖色调效果的校园招贴设计

冷色调效果的校园招贴设计

小 结

　　本章节主要要求读者在学习了解色彩搭配的基本原理的基础上，能够结合版式
色彩配色的基本步骤，根据版面主题的不同诉求完成版面色彩的设计。

思考

1. 色彩搭配的基本原理是什么？

2. 版式色彩搭配的基本步骤是什么？

07

版式设计的基本类型

20世纪30~40年代，随着战争后经济的复苏和社会的发展，在设计和信息传播领域一种新的版式设计类型在北欧兴起，不同于以往的传统版面设计形式，其严谨、规范化、统一性、实用性及富有极强的理性思维概念的表现形式迅速风靡全世界，后来被称为国际主义平面设计风格，又被称为网格版式设计。随着网格版式在商业领域的广泛运用，很多设计师逐步认识到其单调、呆板和过于格式化的缺点，于是在20世纪60年代，美国平面设计师率先开创了更加多元化的版式设计风格。本章主要围绕着理性的、商业化的网格版式和感性的、非商业化的自由版式两种基本类型展开。

7.1 | 网格版式设计

精讲视频

网格版式设计

　　网格是用来排列布局版面元素的一个框架，主要目的是帮助设计师在设计版面时有明确的设计思路，创建系统化的版面。网格的采用能够让设计师在设计过程中考虑得更全面，更精细地编排设计元素，更好地调整页面的节奏。网格的设计规则起源于北欧，起初是通过采用数学中的级数关系在页面中设置成比例变化的块面，并调整组合。

7.1.1 网格的概念

　　要了解网格的概念，首先我们需要认识一个名词——级数。

　　1. 级数的概念

　　级数在数学概念中是一种在规定单元中的倍数数值组合。之后，设计师将级数运用到了建筑设计、家具设计与工业产品设计中，产生了良好的视觉效果。

　　随后，平面设计师将其引入了版面设计中。在20世纪20年代前后，瑞士现代主义设计先驱经过长期的研究与实践，将级数关系组合发展成为一种成熟且可以被广泛应用的方法，可以用在各种平面设计类型，特别是书籍装帧设计、杂志设计、样本设计、报纸排版的设计中。以后几十年中，在各国，尤其是拉丁语系的国家中，被广泛地加以运用，同时也得到了不断的完善。级数的引入不仅为平面设计带来了严谨规范的设计风格，也为现代版式带来了新的规则和标准。后来设计师将版面分割成单位相等的栏，他们把页面分为一栏、两栏、三栏、多栏，将文字和图片编排在栏中，用栏的分割来运用级数关系。网格在版面设计中具有严谨、简洁、规则、朴实的特点。

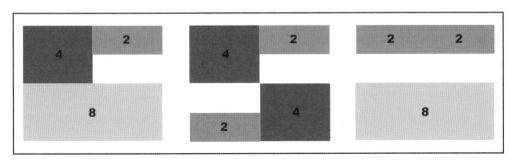

级数运用的版面示意图（不同深浅的灰色块面代表不同内容的图片、文字的置入）

如上图所示，在3个同样面积的版面中，运用2：4：8的级数关系组合布局，每一块组合面积中可以具体放置文字或图片，虽然每个页面中级数的组合方式不同，但从整体看却是在一种有序的变化中循环，这种变化不仅没有打乱版面的秩序，反而带来了版面节奏的变化。

2.网格设计的内涵

网格设计是将版面划分为若干个面积相等的单元格，按照单元格的倍数成比例设定级数关系，并将特定的级数关系以重复和变化组合的方式运用在版面中，使图与文字的排列关系次序化、条理化、规范化，在视觉效果上达到和谐与统一，在内容传达上达到清晰与符合逻辑的目的。简言之，对页面进行单元格分割，并运用级数关系将文字和图片嵌入其中的组织编排方法就叫作网格设计法。

7.1.2　网格设计的基本形式

网格可以在不同媒介不同尺寸的页面中搭建，依据页面尺寸的不同和排版媒介的不同，网格划分的基本形式也是相应变化的。

1．水平垂直式网格

水平垂直式是网格版式中最常用的形式，是指根据版面面积用水平线和垂直线将版面分割为单位面积相等的单元格，为单元格设定级数关系进行排版。一般来说，单元格的数量会随着版面面积的增大而增多。以下是常用水平垂直单元格的设计形式。

（1）2×4的网格采用的是纵向2栏[1]横向4栏的网格划分形式，在版面中可以形成8个单元格，版面的级数变化关系可以是1：2：4：8，一般运用在书籍、DM单页[2]排版中。

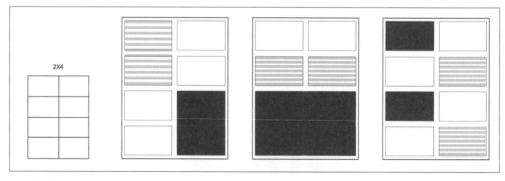

2×4的网格

（2）4×4的网格采用的是纵向4栏横向4栏的网格划分形式，在版面中可以形成16个单元格，版面的级数变化关系可以是1：2：4：8：16，一般在大开本的杂志、宣传册中使用。

1　栏：版面中纵向和横向上等距离的分割。

2　DM单页：Direct mail，即宣传商品的直邮广告单页或册子。

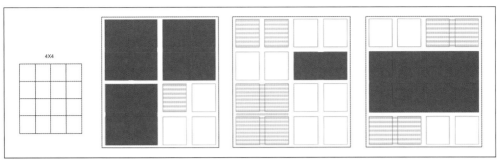

4×4的网格

（3）5×4的网格采用的是纵向5栏横向4栏的网格划分形式，在版面中可以形成20个单元格，版面的级数变化关系可以是1：2：4：8：16：20，一般运用在报刊的版面设计中。

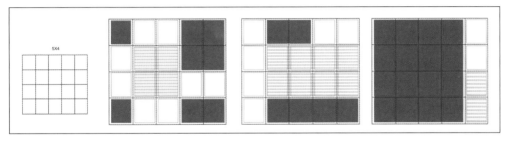

5×4的网格

总地来讲，单元格可以随着版面面积的增大而增加，单元格数量的增加也使运用其中的级数组合关系更加丰富。除了以上介绍的3种网格设计形式之外，设计师也可以根据版面大小和需要来设计单元格和级数组合关系。

除此之外，在网格排版中还需要注意以下一些问题：首先，单元格纵向横向的排列可以形成栏，栏与栏之间必须要保留间距，同时间距必须一致；其次，栏数的多少与编排对象有关，内容越多版面越大，栏数就可以相应地增加，以调节阅读节奏；最后，在之前文字和图片排版章节提及的字间距、行间距及图片布局的方法，要结合划分的网格调整和布置。

2.成角式网格

成角式网格版面设计是在水平垂直式网格的基础上将版面旋转30~45度，使版面的整体效果更加活跃和动感。

扩展图库

网格版式—EGO画册

3.非对称式网格

非对称式网格也遵循水平垂直式网格的划分形式，特别运用在连续两个对页中，目的是为了增加左右版面的变化，在杂志和书籍的排版中常见，例如右边版面是3栏9个单元格，左边版面是2栏8个单元格。

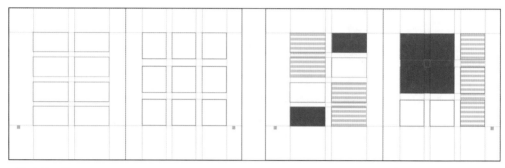

2栏8个单元格　　　　　　　　　　　　　　　　3栏9个单元格

4.叠加式网格

叠加式网格是在同一版面中套用两种甚至两种以上的网格框架，使得版面在整齐规律的框架中呈现更加丰富的变化。相对于单一网格框架的限定，叠加网格中可以使用重叠的级数关系排版，但是无论图片还是文字均需要按照网格框架限定的面积布局，不能在网格与网格交错的空间中随意地排列。

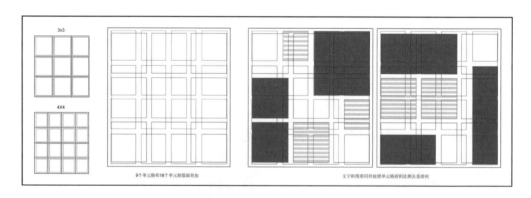

9个单元格和16个单元格版面叠加　　　　　　文字和图形同样按照单元格面积比例关系排列

网格排版是严谨而有规律的，很多设计师为了进一步追求排版的严谨性，在栏和网格的基础上，会运用基线将网格进一步划分，甚至可以细化到把每一个字符的面积作为一个单元格进行排版。

7.1.3　网格设计的应用步骤

了解了网格的基本运用方法，下面我们来看一下在实际排版过程运用网格的步骤模式，可以作为参考。

扩展图库　　　　　　精讲视频

网格版式—WOUND　　网格设计的应用步骤
杂志版式设计

1. 设定出血线

出血线是用来界定版面中图片或图形的哪些部分需要被裁切掉的参考线。（出血线以外的部分会在印刷品装订前被裁切掉，因此出血线也叫裁切线。出血线的宽度一般是3mm，设定出血线主要是考虑到排版在后期印刷裁切过程中形成不留白边的效果，特别是针对图片的版面设计时，运用得比较多。）

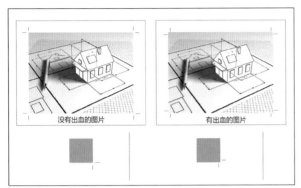
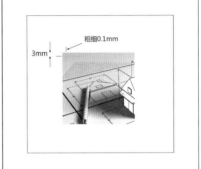
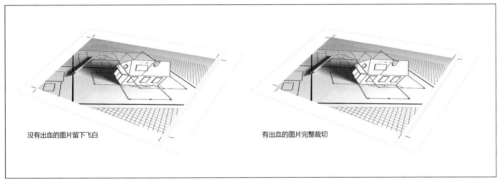

出血线的设置

2.分格与分栏

运用网格设计的基本原理，将版面分成相等的单元格，其中单元格的纵向和横向排列可以形成版面中的栏。这为后续的排版工作提供了一个严谨的框架。根据版面的尺寸和需要可以设定不同的单元格和栏数。需要注意的是网格排版中单元格距离版面上下左右四边要保持一定的距离，使内容基本集中在版心[1]范围内，以减少页面边缘部分的压迫感。

---

1 版心：版面中心点向外扩展的范围，是版面中主要要素集中布局的区域。

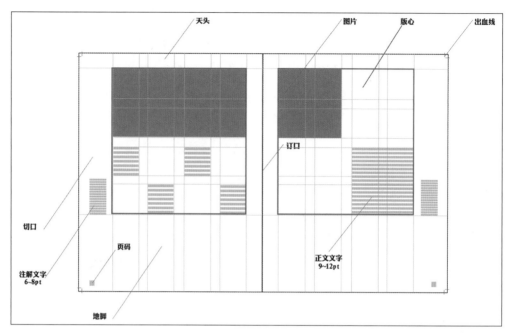

划分单元格设计

　　将以上的页面简化后按照分格和分栏的方法可以形成很多网格样式，在连续版面排版过程中，一旦形成了固定的网格和栏的框架模式，页面结构无须随意地调整，也是为了保证连续页面排版的系统性。

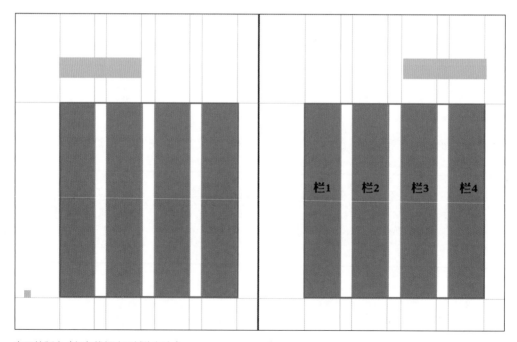

向下的版心（红色线框内区域为版心）

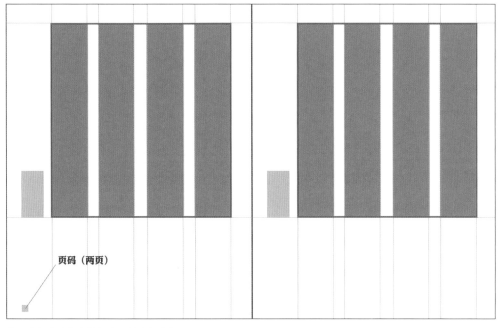

页码（两页）

向上的版心（红色线框内区域为版心）

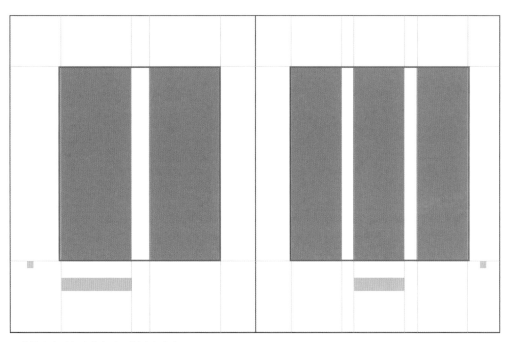

居中的版心（红色线框内区域为版心）

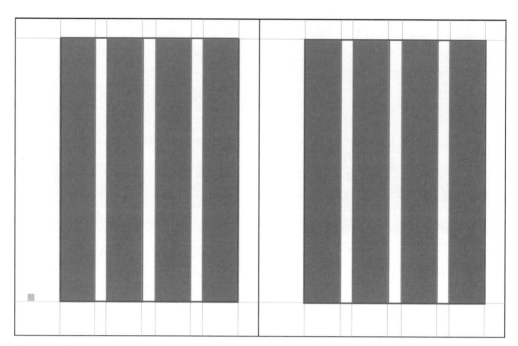

版心面积较大，页面留白较少（红色线框内区域为版心）

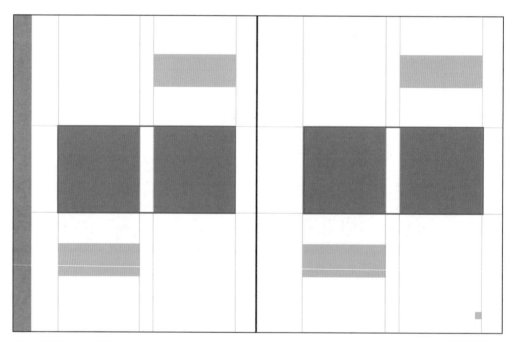

版心面积较小，页面留白较多（红色线框内区域为版心）

扩展图库

网格版式—红色风
格画册设计

3.布局

　　布局是具体将图片与文字按照级数关系嵌入页面中，综合考虑其在页面中的变化。布局是形成版面统一变化的关键步骤。下列版面就是图片与文字组合的例子[1]。

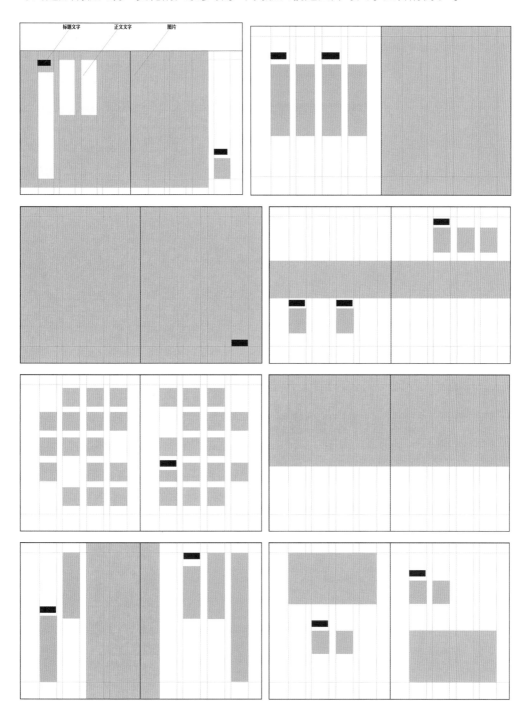

---

1 案例中，橙色代表图片部分，浅灰色、白色代表文字部分，深灰色代表标题部分。

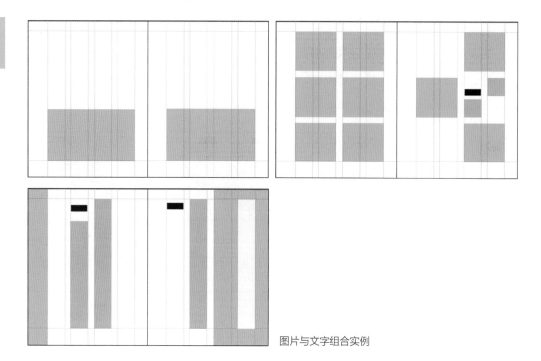

图片与文字组合实例

4.页面留白与节奏调整

在排版所涉及的内容中，除了报纸、商品宣传册的版面比较紧凑热闹，杂志、画册等版面中多多少少会有空白的面积出现，这在版面中称为留白。控制留白的目的是使设计师能够完成版面或紧凑的、或适中的、或轻松的节奏变化，节奏变化在网格排版中起着十分重要的调节作用。留白较多的页面大气平静，留白较少的页面热闹活跃，留白的出现同样还可以调节固定版面网格模式给读者带来的审美疲劳。

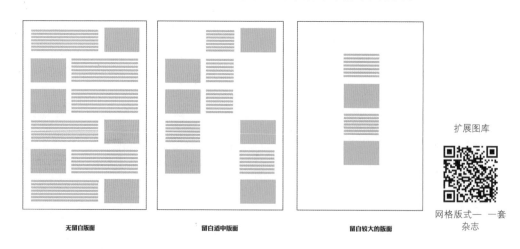

无留白版面　　　　　　　　　　留白适中版面　　　　　　　　　　留白较大的版面

扩展图库

网格版式—一套
杂志

此外，符合行业规范的网格版面设计中，设计师一般在电脑软件辅助排版之前会绘制草图，做好版面划分和布局设计准备。有些设计师甚至借助软件绘制精准的设计草稿。这对后续的排版设计也起到理清思路的作用。

精讲视频库

网格版式设计实战说明

手绘草图

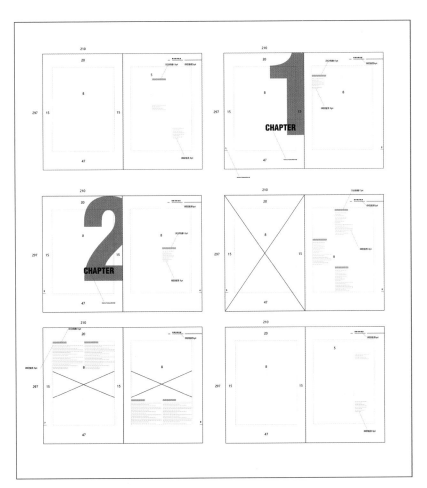

根据手绘草图进行电脑制图

7.2 ｜ 自由版式设计

与网格版式不同，自由版式没有级数和网格的限定，表现形式多样，更符合现代人审美的需要。在常规书籍、杂志版式设计形式之外，设计师一直在寻找更加具有视觉吸引力和表现个性的版面设计风格，自由版式随之出现，自由版式设计的要素也是图片、文字和色彩，不同的是其组织方式不一样。在自由版式逐步形成和运用的过程中，设计师也总结出其中的一些特点，下面具体介绍。

7.2.1　自由版式设计的概念

从字面上理解，自由版式设计是无任何限制的设计，它是通过版式要素的自由组合排列而形成的一种版式风格，如果说网格版式做到了"形不散神不散"，自由版式则是"形散而神不散"。需要注意的是自由不等于漫无目的地瞎涂乱画，也须遵循合理安排视觉元素的基本原则，例如色彩搭配、肌理表现、空间层次等。

精讲视频库

自由版式设计的概念和特点

7.2.2　自由版式设计的特点

在设计师长期的设计积累过程中，逐步形成了自由版式设计的一些规则，或者归纳为自由版式设计的特点，在排版过程中，如果能够运用以下的规则，就基本能够把握住自由版式的特点和表现方法。

扩展图库

自由版式

1.版心无疆界性

网格版式的版心在页面的中心，从中心向四面辐射。自由版式的版心则不一定在页面中心，甚至不一定在页面中。

自由版式书籍设计

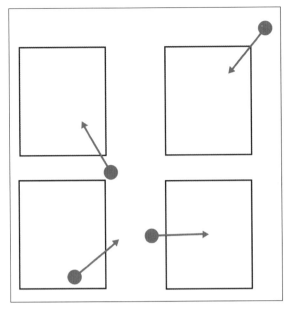

自由版式中版心的多变性（红点表示版心位置）

主题式自由版式设计

2.字图一体性

自由版式中，文字不再仅仅是传递可读信息的部分，设计师能够更具想象力地发挥文字的图形表现特点，也就是将文字图形化，使文字与图形有更加紧密的互动。可以运用虚实结合的手法达到字图融为一体的目的，也可以运用字图叠加的方法创造层次，增加画面的空间厚度。

主题式自由版式设计1

主题式自由版式设计2

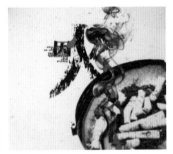

主题式自由版式设计3

3.解构性

解构就是对原有古典和以数理为基础的排版秩序结构的肢解，是对正统版面的解散和破坏。它运用了不和谐的点、线、面等元素与破碎的文化符号去重组新的版面形式。自由版式中的解构是对于原有图片和文字元素的拆分和重新组合，这种解构又是在不影响信息传达的基础上进行表现的。

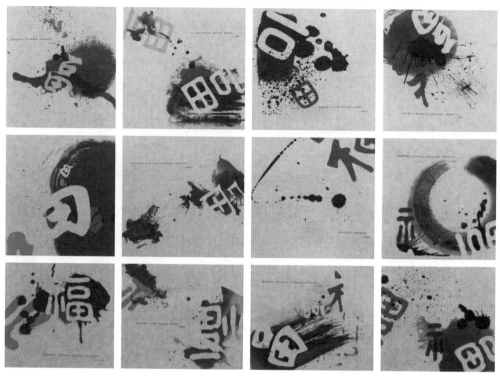

"福"字的解构

4.局部不可读性

自由版式中不可读主要针对字体，"可读"是设计者在安排版面的过程中认为读者应该明确清晰理解的部分，包括字体的大小和清晰度。"不可读"是无须逐字逐行理解的部分，在处理手法上常常把字体缩小、虚化、重叠、复加、拆分等，这是增强此类版面肌理效果和节奏变化的有效方式。

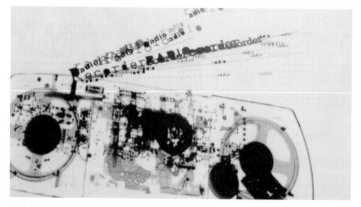

文字的叠加形成不可读的效果

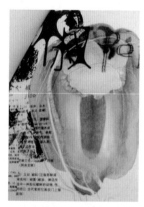

文字的虚化形成不可读的效果

以上提到的是自由版式最突出的4个特点，也是我们在设计自由版式过程中要抓住的 4 个特点，在排版过程中满足其中两到三点，就能够形成具有自由版式风格的展示效果。自由版式虽没有网格版式的普及性强，但时代和审美的发展也在推动着这一版式风格不断成熟和完善，在现代招贴设计、书籍装帧、包装设计、个性网页设计、DM 单页设计中也越来越为读者所熟知。

系列运动招贴设计

自由版式设计以其形象组合的多变性在越来越多的媒介中得以运用。

书籍插页中的自由版式设计

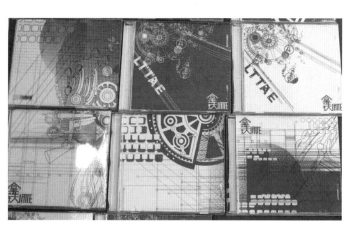

CD 包装设计中的自由版式设计

精讲视频

自由版式的特点和
实战练习说明

7.3 ｜项目演练——"建筑与设计"商业杂志设计

精讲视频

项目演练——"建筑与设计"商业杂志设计1

精讲视频

项目演练——"建筑与设计"商业杂志设计2

练习主题：构图紧凑的网格版式设计——"建筑与设计"商业杂志设计（章节目录和部分内页）。

设计步骤：此类设计的版面布局紧凑，整体性强。

（1）在排版之前先设定出血线。首先运用分栏形成单元格，考虑此类版面整体风格简洁大气，单元格数量可以控制在4或8，级数关系可以定为1：2：4或2：4：8，注意单元格距页面四边要保持一定的距离。

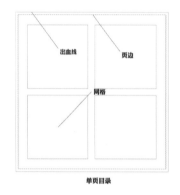

单页目录

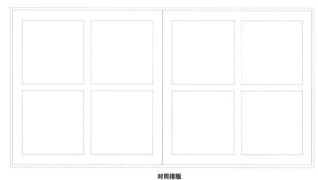

对页排版

（2）接下来是布局。在布局过程中按照网格和级数关系分配图片和文字，注重节奏的调整，不要使每个页面都非常满。

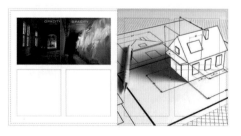

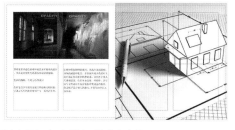

通过布局初步形成版面的节奏变化

（3）为了进一步突出页面的留白和节奏，需要为版面添加主色调和辅助色调，这样版面才更加具有连续性。

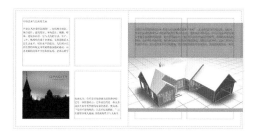

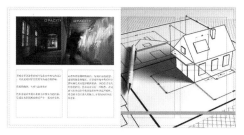
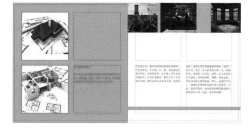

添加色彩后呈现出更加鲜明的效果

（4）最后是版面细节要素的添加，包括色彩的进一步调整、页眉的添加、字体特别是标题字体的调整、图形符号的添加，这些细节部分的增加都可以使整体版面效果更加完善。以此类推，按照以上的方法可以设计出更多连续页面的排版。

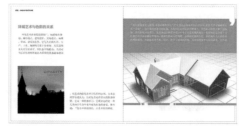

添加版面细节要素

7.4 ｜项目综合实战——公益体育运动招贴设计

练习主题：自由版式在招贴设计中的运用。

现代招贴设计中较多地引入了自由版式设计形式，下面我们就以"公益体育运动招贴"为例设计一则海报。设计步骤如下。

（1）公益体育运动招贴中主要的视觉要素是图片，因此结合图片相关的知识首先注意图片在招贴版面中的朝向和大小比例。自由版式最重要的特点是版心的无疆界性，因此图片无须放置在版面的中心。

精讲视频

项目综合实战——公益体育运动招贴设计

放置图片

（2）可以对图片进行微调，突出白色背景中主要图形的质感。

（3）添加标题文字。在招贴设计中文字应尽量简而精，以自由版式为风格的招贴设计可以将字体做图形化处理，与辅助文字内容重合叠加形成肌理效果。

微调图片

添加标题文字

（4）调整文字角度，同时在版面中添加块环状圆形装饰衬托。

（5）按照此种设计思路也可以设计出系列有变化的自由版式品牌宣传海报。

添加块环状圆形装饰

系列宣传海报设计

小 结

    本章我们主要学习了网格版式和自由版式两种版式设计基本类型。网格版式严谨、统一、理性、规范，运用网格的基本分割方法和设计步骤可以制定不同的网格排版方案。而自由版式活泼、感性，更强调肌理和节奏的变化，掌握自由版式的特点，可以设计出更多灵活的版面样式。

思考

1.网格版式设计的基本原理是什么？

2.网格版式设计的基本步骤是什么？

3.留白对于网格版式设计布局起到什么样的作用？

4.什么是自由版式？

5.自由版式的特点有哪些？

08

版式细节设计与印刷尺寸

之前的章节中我们介绍了版式设计中要素的运用和两种主要的版面风格以及设计方法。在把握和定位了大的版面样式之后，还需要注意到版面设计中的细节部分，这包括之前介绍到的页眉页脚设计，也有下面要讲到的目录设计、页码设计、索引设计、装订线设计以及其他相关类型的版面划分方式。除此之外，多数排版是为了后期的印刷，设计师要把创意运用到实际的载体之中，而不同的载体有不同的尺寸要求和限定，所以还需要了解一些常见版式载体的尺寸。

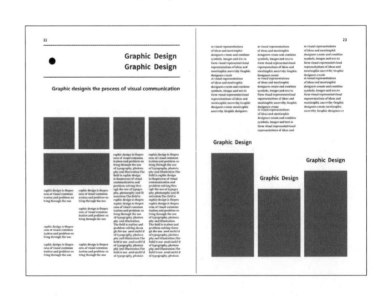

8.1 ｜ 版式中的目录设计

在排版设计中，目录设计最基本的原则是清晰简单。有时，根据排版的内容，目录的形式也可以更加灵活。

精讲视频

版面细节设计

常规目录

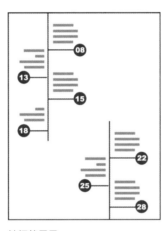

枝杈状目录

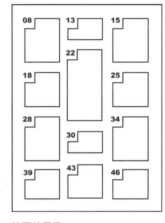

块面状目录

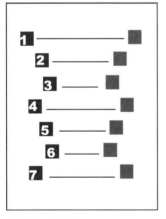

中心对齐式目录

常规目录

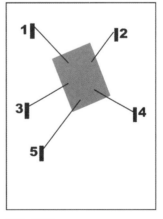

发散式目录

版式设计
基础与实战
（慕课版）

ART
DESIGN

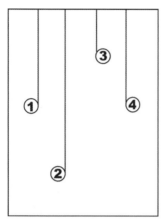

下垂式目录

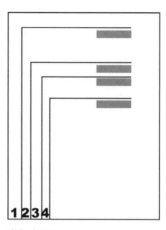

直角式目录

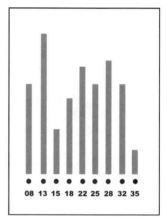

音浪式目录

8.2 | 版式中的页眉页脚设计

　　页眉设计又被称为页头设计，页脚设计则主要是针对页码和章节名称的设计。页眉
页脚是连续版面设计中很细节的一部分，有时页眉页脚的内容部分一起出现，也可以
单独设计。

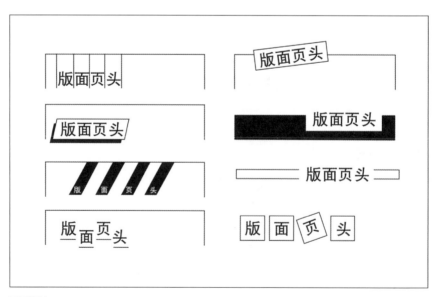

页眉设计

版面页头

版面页头

版面页头

版面页头

版面页头

版面页头

版面页头

版面页头

页眉设计（续）

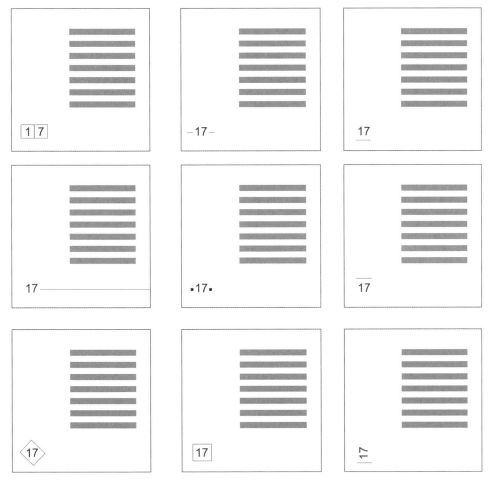

页码设计

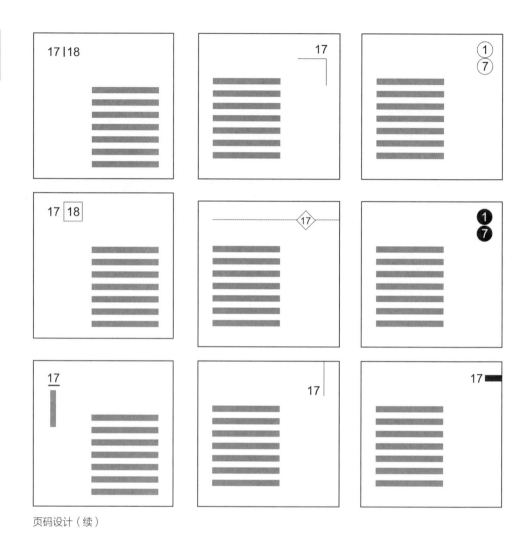

页码设计（续）

8.3 | 版式中的索引设计

索引出现在连续页面的结尾部分，为了方便读者查阅信息，索引设计一般以栏状形式出现，设计过程中各个条目层次需要被清晰地展示出来。

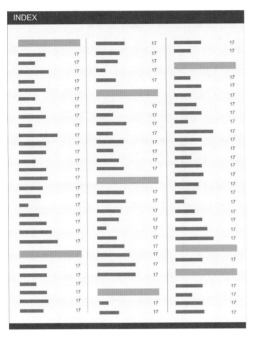

索引设计1

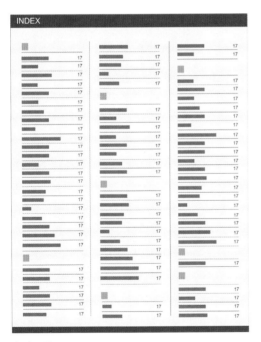

索引设计3

索引设计2

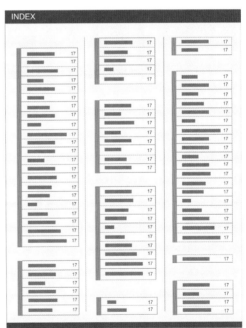

索引设计4

索引设计5

8.4 ｜版式中的装订线设计

　　版面中设计装订线的目的是让装订区域呈现出装饰效果，一般出现在书籍、杂志中，但不是所有的此类版面均需要设计装订线，如果版面内容比较丰富可以不做装订线的修饰，如果版面内容较少，可以适当添加。

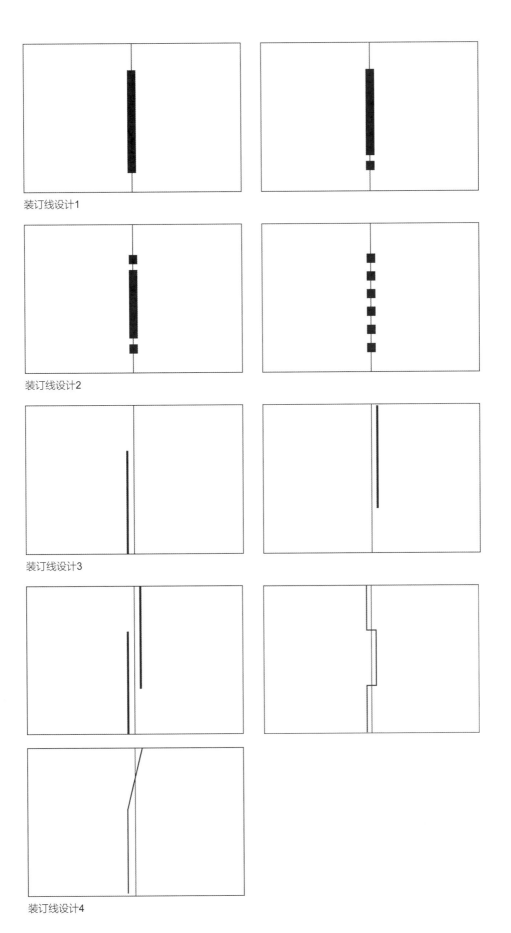

装订线设计1

装订线设计2

装订线设计3

装订线设计4

8.5 ｜ 不同类型的版式划分设计

在前面的章节中我们介绍了网格版式设计和自由版式设计，每种类型有各种不同的版面分割方式，例如垂直版面分割、倾斜版面分割、曲线版面分割等，各种不同类型的版面分割可以在招贴、书籍、杂志等类型排版中运用。不同的分割方式也给同一类型的版面带来了更多的表现形式，丰富了版面的布局。

水平垂直的版面分割

倾斜的版面分割

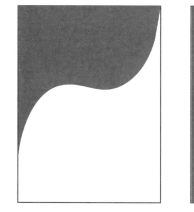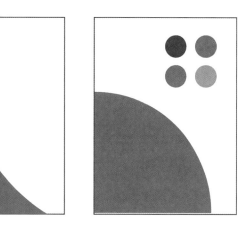

曲线的版面分割

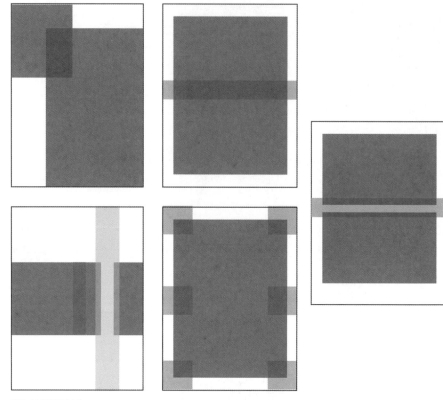

叠加的版面分割

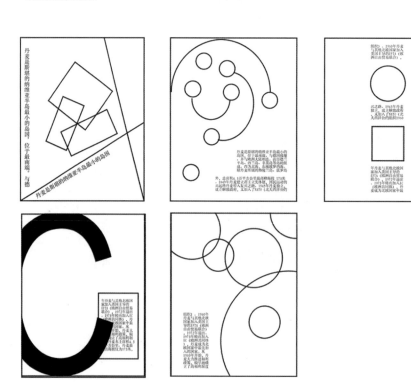

自由版式中其他的版面组合形式

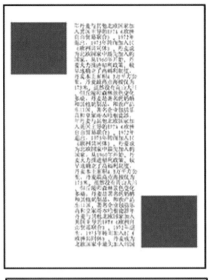

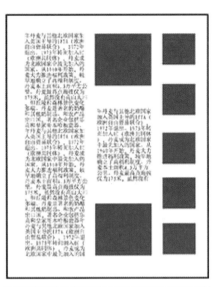

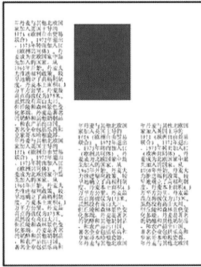

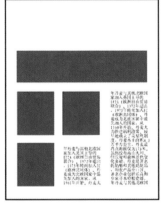

网格版式中其他的版面组合形式1

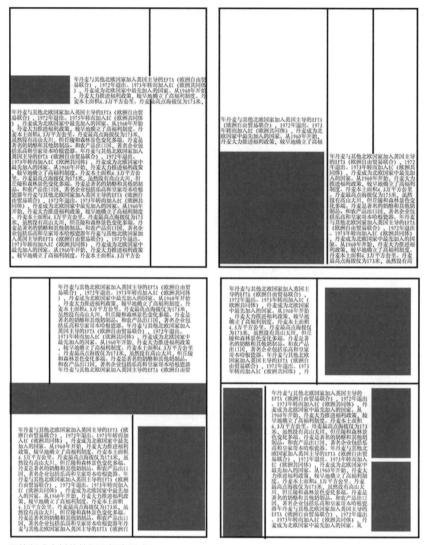

网格版式中其他的版面组合形式2

8.6 | 版式设计中的尺寸标准

　　版式设计的传播需要依赖一定的载体，每种载体都具有各自的尺寸要求，因此详细地了解国内国际印刷业和平面设计领域广泛使用的各种不同的标准和规范是十分必要的。下面主要列出的是ISO国际标准以及一些常用印刷载体的标准尺寸。

8.6.1 ISO国际标准

随着经济全球化的发展，各个行业之间的接触与合作越来越密切，在版面印刷行业中就要求有统一的印刷尺寸标准，这样可以让设计师和印刷工人之间的交流没有障碍，更加高效。

几个世纪以来，设计师们已认识到标准化纸张在实际运用中的优势。ISO纸张系统是基于2次方根的高宽比（1：1.4142）而设定出来的。

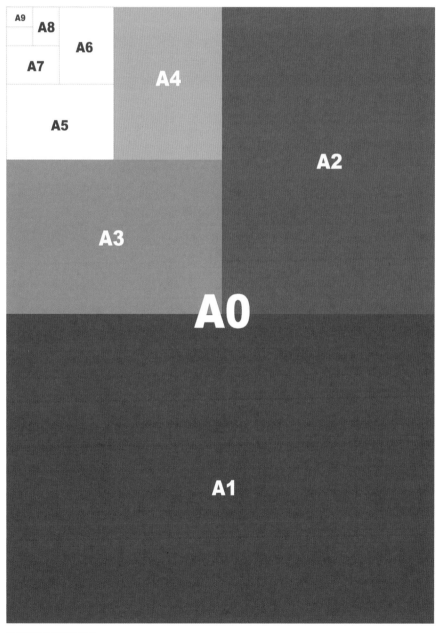

纸张开本的比例关系

国际通用的纸张标准有A、B、C三个系列，国内现在比较通用的是A系列。不同尺寸的纸张有不同的使用方向。

ISO国际标准

A0\A1	海报与工程绘图
A1\A2	会议挂图
A2\A3	图表、绘图、表格、程序表
A4	杂志、信件、表格、传单、复印机、激光打印机及日常使用
A5	记事本和日记
A6	明信片
B5A5B6A6	书
C4C5C6	用于装A4纸的信封
B4\A3	报纸
B8\A8	扑克

纸张尺寸与印刷使用方向

A系列（mm）		B系列（mm）		C系列（mm）	
A0	841×1189	B0	1000×1414	C0	917×1297
A1	594×841	B1	707×1000	C1	648×917
A2	420×594	B2	500×707	C2	458×648
A3	297×420	B3	353×500	C3	324×458
A4	210×297	B4	250×353	C4	229×324
A5	148×210	B5	176×250	C5	162×229
A6	105×148	B6	125×176	C6	114×162
A7	74×105	B7	88×125	C7	81×162\114
A8	52×74	B8	62×88	C8	57×81
A9	37×52	B9	44×62	C9	40×57
A10	26×37	B10	31×44	C10	28×40

3个系列的纸张尺寸

8.6.2 信封和书籍的开本尺寸

书籍有各种不同的大小和规格，用来承载图片和文字信息。下面列出的是不同的书籍尺寸规格的列表，可以作为设计一本书籍最开始的规划步骤。信封同样也有不同的大小和规格，在设计过程中，应参照标准规格制作。

规格	尺寸（mm）	规格	尺寸（mm）
1	143×111	12	254×191
2	146×95	13	286×222
3	171×108	14	318×254
4	191×127	15	381×279
5	203×133	16	381×254
6	213×143	17	445×286
7	241×152	18	508×318
8	254×159	19	356×260
9	260×175		
10	279×191		
11	216×171		

书的开本尺寸

规格	尺寸（mm）
C6	114×162
DL	110×220
C5	162×229
C4	229×324
C3	324×458
B6	125×176
B5	176×250
B4	250×353
E4	280×400

国际标准信封尺寸

8.6.3 户外标准尺寸

尽管户外媒体可以做成各种尺寸，但是为了减少制作程序，降低成本，人们依然用很多标准对其进行规范。这些版面尺寸都是依据一定比例设定的。比例在版面设计中

户外标准尺寸		
单	块	762×508（最基本的大尺寸单元，纵向放置）
6	块	1524×1016（公交站牌）
12	块	1524×3048（横向放置）
48	块	3048×6096（标准的户外广告尺寸-18.58m²）
96	块	3048×12192（横向放置-37.16m²）

户外标准尺寸

很重要，因为阅读的距离会影响到各个元素的放置方式、文字和图片的尺寸大小。由于户外媒体需要在很远的地方就吸引受众，所以必须用尽量大的图片和尽量少的文字来传达信息。

8.6.4 CD标准尺寸

在配合数字媒体和纸质媒体类型的出版物中，常有配套光盘的设计制作，也需要设计者了解光盘和光盘包装的尺寸来进行合理的版面设计和布局。

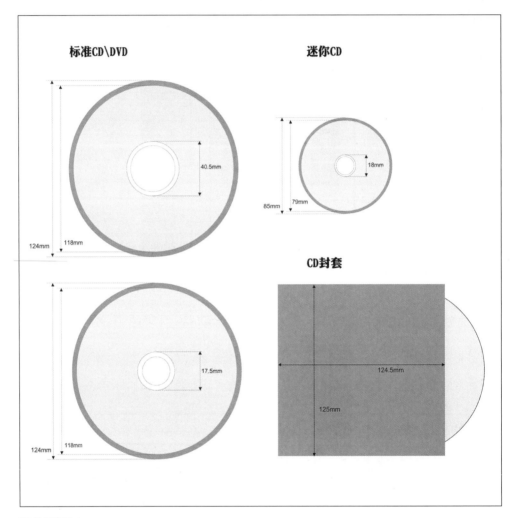

CD的标准尺寸

8.6.5 版面设计中其他相关术语

版面设计中的术语是依据行业规范制定的，在前期制作和后期印刷运用的过程中设计人员会使用和接触到，对于提高行业工作效率能够起到辅助作用。

横　　置	将文字朝书脊方向旋转90度，读者需垂直阅读
分　　栏	页面上用于分隔文字的垂直划分
双联图片	把两张图片并置作为一个整体
网　　格	用于放置各种元素的参考线
矩　　阵	用于分隔页面和放置不同要素的页面结构
罗马大道	一串相互连接的图片
预　览　图	一个出版物页面的缩小版本，用于评价出版物整体的节奏
留白区域	空白的未印刷的没有使用的区域

版面设计中其他相关术语　　　　　　　　　　　　　　　　　　扩展图库

总之，排版过程中需要注意细节部分的设计调整，使其与主体内容协调，同时需要注意版面设计与后期应用特别是印刷尺寸的协调，按照行业要求的标准进行设计也是版面设计师要具备的基本专业素质。

版式细节设计

8.7 | 综合项目实战——版式细节设计实战

精讲视频

练习主题：请根据版面设计的整体风格定位下则版面的文字、页眉、页码、章节页。

步骤提示：

（1）首先是整体浏览页面，此种类型为典型的画册设计，以网格化的图文排版为特点。所以在文字布局方面应该通过分栏与网格划分的形式体现，同时，在文字块面安排方面注意块面的疏密变化。

综合项目实战——
版式细节设计实战

图片排版

文字排版

（2）章节页的提示设计部分可以突出，通过较大字号的字体体现，在字体色彩上注意与页面内部色调的呼应。

章节页的提示设计

（3）页眉和页码的设计为页面次要的提示部分，其在信息层次关系上要弱于正文的部分，所以字符要细腻、字号要小一些。可以将页眉设计在对开页面的一侧，页码设计在对开页面对角线位置，形成呼应，使整体页面看起来平衡一些。

页眉设计

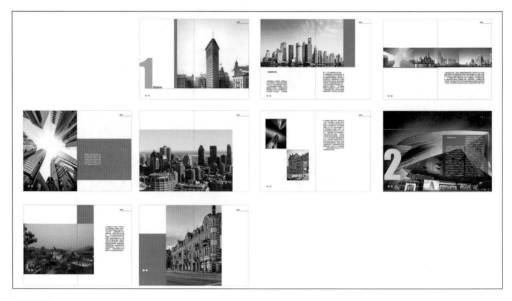

页码设计

小 结

　　本章节我们主要介绍了版面设计中包括页眉、页码、装订线等细节设计部分的样式和规范，以及和设计者相关的需要了解的常见版面尺寸、分割方式和术语。

 思考

1.常见的页眉页脚有哪些设计形式？

2.常见标准纸张尺寸是什么？不同类型的尺寸一般用于什么样的版面设计内容？

N9

版式设计综合运用

前面的章节中我们主要讲述了版式设计的基础构成元素，如何有效合理地组织元素进行视觉流向和构图的安排，如何抓住版面设计中字体、图片图形、色彩的属性和特点排版，以及两种常见的版面类型——理性商业化的网格版式类型和感性活跃的自由版式类型。在综合所学知识的基础上，根据设计要求和使用目的的不同，本章节我们进一步针对设计过程中遇到的各种类型的版式详细展示设计和制作过程。

9.1 | 画册版式设计

画册在排版过程中不仅要达到美观的效果，同时要求达到商业宣传的目的。画册的排版一般以大气、简洁、鲜明为特点。图片与文字块面性强、层次清晰。在排版过程中既注重图文版面构成的变化，又要巧妙地将变化控制在系统的组织形式之中。

9.1.1 画册设计中视觉元素的特点

画册设计范围较广，包括旅游画册、展览集萃、文化推广等，画册的设计要素同样包括了图片、文字等。抓住画册排版的基本特点，合理组织要素，才能够设计和完成符合宣传和使用目的的作品。

扩展图库

画册

1.画册中图像的排版

画册版面中图片的排版均比较稳重和规整，在布局过程中更加注重页面与页面的之间图片摆放位置的变化，以及图片和空白页面之间比例关系的变化。有的版面中可以是满版放置图片，有的版面中图片占一半页面的比例，有的版面中可以没有图片或者留少量面积给图片，为的是营造页面和页面之间节奏的变化。同时，在单独页面中要排列数量较多的图片时，图与图之间要进行组合，形成一个整体块面，避免版面零乱。

2.画册中文字的排版

画册中文字同图片一样着重块面的表现，在图文组合的过程，有时为了增加版面的层次性，避免单调，可以在文字与图片或文字和底色之间增加一个色块丰富版面。

3.画册中的色彩和版面布局

同常规排版一样，画册排版也要按照版面连续性的总体效果制定出严谨的色彩系统和色彩呼应关系，首先确定主色调和辅助色调，同时在设计过程调整好每个版面中主要色彩的比例，很多情况下需要把图片色调考虑进去，这由图片在版面中的面积比例决定。例如画册整体色调是灰色和白色，辅助色是酒红色，那么，在整个画册中可能要确定一个色彩使用的比例，灰色45%、白色35%、酒红色20%。具体到每一个页面中，可能第1页灰色占了70%，第6页酒红占了60%，但是整体的色彩分配还是要遵循大的比例设定关系。

精讲视频　　　精讲视频

画册版式设计实践1　　画册版式设计实践2

9.1.2　画册版式设计实战

练习题目：以"北欧之旅"为题目设计一本旅游画册。

步骤提示：

（1）首先设定好16开的画册尺寸。画册设计一般来讲风格简单大气，以块面的表现方式居多，因此可以在设计之初根据图片素材的整体效果和色调为画册制定出色彩体系。下面的案例中以灰白冷色调为主，同时为了亮化版面添加了暖色调橙色。

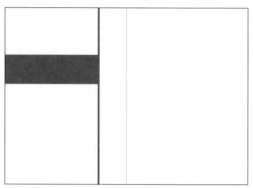

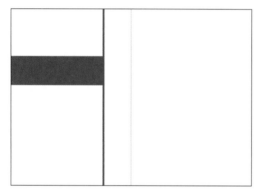

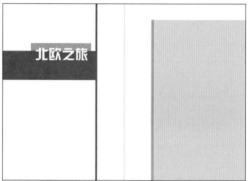

（2）在第1页目录的设计中，注重文字的规整性、层次性。主题文字"北欧之旅"需要被鲜明地放在版面左上方。为了突出目录的文字部分，可以采用线的元素做引导。小字介绍的部分强调块面性，可以在文字和浅灰的底色之间添加一个色块来丰富版面层次。

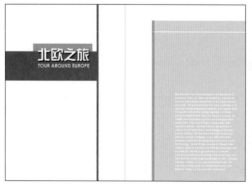

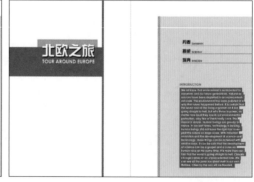

（3）第一步页面的风格和设计方式定位好之后，后面的页面设计就可以相对轻松地展开了。由于设计页面数量适中，需要注意图片在版面中位置和面积的变化，色彩的变化以及呼应。

（4）最后为画册设计一个简单的封面。

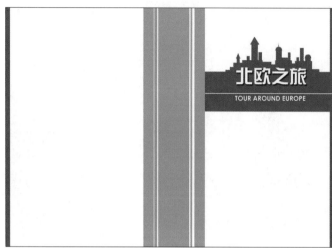

最终效果图

9.2 | 文化折页版式设计

文化折页相对于画册是简易便携的宣传载体，其版面设计形式多样，文字内容相对于商业画册要少，而图片的处理和表现方式更加自由，在很多文化折页中会使用自由边图片或剪裁过的多边形图片。近几年，中国传统文化表现元素，如书法、水墨画、刻字、泥印、祥云等被运用在此种类型的排版中，如房地产宣传、企业形象宣传、企业文化宣传、产品推广等的设计中，以其具有传统韵味的表现形式吸引读者。

扩展图库

折页DM单页

9.2.1　文化折页中视觉要素的表现特点

1.文化折页中的图片设计

文化折页中图片的表现形式更加自然，很多图片元素是以自由边形出现的，图片在版面中的位置更加自由，图片与版面背景更加融合。

2.文化折页中的字体设计

文化折页中的文字相对于商业画册更加精减。标题字体可选择的字符范围更加丰富，特别是一些书法字体的运用，既符合版面整体风格的需要，又能够起到画龙点睛的作用。正文部分一般选用宋体、楷体，文字一般会以小块面的形式出现在版面中。

3.文化折页中的色彩设计

文化折页中的色彩一般以清雅特色为主，在具体颜色选择上也更偏重于传统颜色，如中国红、深灰浅灰，有时还有金色、紫色。在色彩的整体安排上，同画册一样，也十分注重色彩的呼应。

4.文化折页中的版面节奏控制

相对于商业画册设计，文化折页的版面节奏更加轻松，但同时也有松和紧的变化。

9.2.2 文化折页版式设计实战

练习题目：以"秀上坊"为题目设计一则传统韵味突出的房地产宣传折页。

步骤提示：

精讲视频　　　精讲视频　　　精讲视频

文化折页版式设计　文化折页版式设计　文化折页版式设计
实践1　　　　　实践2　　　　　实践3

（1）文化折页的版面尺寸比画册小。在排版之前可以先把整个折页的总长设定出，以便于在后续的排版过程中更好地把握整体的图文分布、色彩呼应和控制画面节奏。接着，可以为版面设定初步的色调，前面讲到文化折页在具体颜色选择上也更偏重于传统颜色，如中国红、深灰、浅灰，因此可以将红灰黑色调运用到版面上，初步的色调也奠定了版面的整体色彩呼应关系。

（2）下面是版面节奏的定位，也就是具体排布设计图片和文字之前，对连续页面中每个版面的图文面积比例进行调控和布置。

轻松	紧张	轻松	紧张	轻松	紧张	紧张	轻松

（3）根据节奏变化关系为图片布局。首先，自由边形图片有延伸感，因此前一张图片和后一张图片之间空间距离可以拉开些，并且根据图片的颜色和页面底色的关系进行图片排版。

（4）对于规则边形的图片（包括室内效果和平面图）可以缩小并紧凑排列在预先设计好的版面上。

（5）针对文字部分，首先是添加标题宣传文字，在正面第一页和反面第一页中形成简练鲜明的版面效果。

（6）最后是版面正文文字部分的添加，使文字以小块面的形式排列，需要注意的是文字可以采用竖排的方式。整个版面排版完成后，再一次检查版面前后色彩的呼应效果，以保证版面的整体性。

（7）下面是文化折页正面和反面的效果展示图。

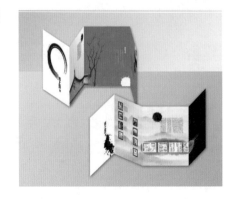

9.3 | 电商页面设计

随着社会信息化的普及，越来越多群体使用电脑和手机平台作为信息阅读和生活起居的重要手段。其中电商平台设计就是在网页载体中结合传统版式设计的方法，兼顾流媒体信息传播的特点而产生和广泛使用的。

扩展图库

电商页面设计

9.3.1 电商平台设计要素的基本特点

如同网页设计一样，电商平台是附属于网页设计载体中的一种类型，在设计过程中同样要综合图像、图标、字体、色彩设计要素进行设计。

（1）电商网站设计的标题要足够吸引眼球。用户在浏览网站时，能吸引用户打开网页进行详细阅读的就是标题，所以标题要鲜明，还要确保网页的所有相关链接畅通和有效，以便用户顺利地通过网站进一步搜索。

（2）电商网站设计采用表单格式分解内容和段落以保证读者的浏览率。使用数字和其他标记符号来突出文章的重要内容，会让网站更容易浏览，用户能更快地找到所需的信息。

电商网页设计同样要运用静态版面设计的原理，在布局设计过程中要注意以下几个问题。

首先是明确的版面框架设计，常见的电商网页版面框架结构有如下图所示的几种。设计网页版面，确定好框架之后，可以在大框架中再做小的块面分割。

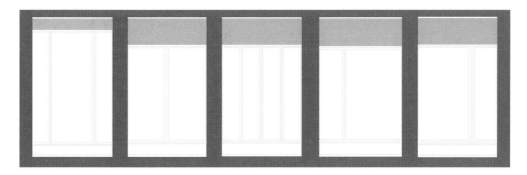

其次，在搭建好框架的基础上，在布局中要注重整体版面的平衡。平衡简单说就是重量的平均分配，使构成画面的各组成部分在视觉力量上保持一种均衡稳定的状态。

最后，是网页版面布局中的焦点和主次。人们浏览一个网页的时候，首先会看到的地方称为焦点，这是设计网页时最需注重的一部分。设计人员通常有一个主要信息要传达，同时还有一些辅助信息。如果强调一切元素，就什么都强调不了，会造成视觉的混乱，因此须对页面上的几个元素加以强调，使其在显示中比其他元素有更大的优先权。要建立一个主次关系，利用大小、位置、颜色等元素使浏览者根据重要性来看

这些元素，从而产生一个信息流，从最重要的开始（页面的动态设计也能够完成信息引导的工作）。

（3）电商网站设计避免出现大量文字。研究显示，一般的网络浏览者不会花费时间去阅读大量的文字，无论它们有多重要或写得多好。因此，必须把大量文字分解为若干小段落，突出重要的地方，帮助浏览者节省阅读时间，也可以提高浏览者的注意力。

选择美德乐的理由三： 独创配方见效快

100%超纯度羊脂

纯天然，无任何添加剂与防腐剂，妈妈涂后不用擦掉，可直接哺乳

选择美德乐的理由四： 瑞士原装进口，品质保证

（4）电商网站设计采用大图片吸引注意力。图片比起文字更容易吸引人们的注意力，人们更倾向于查看那些能够清楚地看到细节和获取信息的图像，当然要保证你所用的图片与文章内容相关，否则它更容易被忽视。大多数读者都拥有快速的浏览习惯，

所以可以使用那些体积较大的图片。

（5）电商网站设计利用好空白。电商网站的过量信息会把用户淹没，同时他们也会忘记网站所提供的大部分的内容。所以保持网页的简洁，留点空白，会给读者预留出一些视觉空间来供读者休息。

（6）电商平台页面中色彩的设计也是决定整体效果优劣的关键。首先，在整个页面的色彩选择上，确定一个主色调，可以有利于体现主题。多数电商平台页面一般以浅颜色为背景，如浅灰色、浅黄色、浅蓝色、浅绿色。以浅颜色为底，柔和、素淡，配上深颜色的字，如黑色，读来自然、流畅，也有利于突出页面的重点，有利于整个页面的配色，更容易为大多数人认可和掌握。其他一些次要内容，如背景图片、线条适宜采用不抢眼的颜色，以免喧宾夺主。只有少量精心选择的元素，为了突出强调的需要，才采用明亮的色彩，这些彩色亮点就会产生强烈的视觉冲击，但如果用得太多了，就会形成一种均匀的噪声而达不到强调的效果。

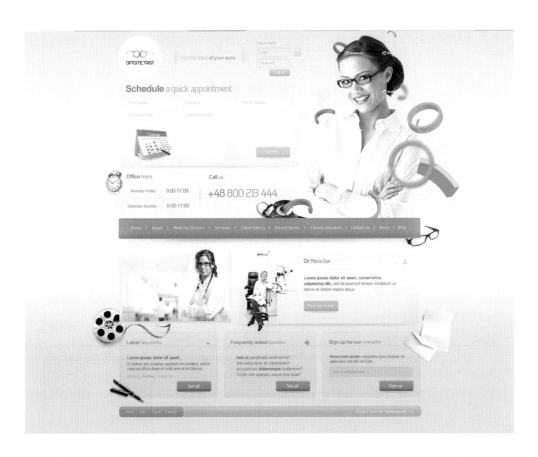

其次，在背景的色调搭配上一定要注意不能有强烈的对比，特别是同时使用色彩对立的颜色。大面积颜色适宜采用低对比度，因为过于丰富的背景色彩会影响前景图

片和文字的取色，严重时会使文字溶于背景中，不易辨识。所以，背景一般应以单纯为宜。如果需要一定的变化以增加背景的厚度，也应是在尽量统一的前提下的一种变化。例如在设计标题时，为追求醒目的视觉效果，可用比较深的颜色，配上对比鲜明的字体。实际上背景的作用主要在于统一整个网页的风格和情调，对视觉的主体起到一定的衬托和协调作用，一方面吸引浏览者的注意力，另一方面有助于体现产品的主题。

9.3.2　电商平台设计需要注意的其他问题

（1）界面清晰整洁。一个网站设计的精美与否很大程度上决定了顾客是否愿意在这一页面停留更长时间做深入浏览。所以说设计精美的网店更容易吸引顾客的眼球，使其经常光顾于此，久而久之便拥有了一批忠实的顾客群。

（2）调动色彩对情绪的影响力。色彩心理学早已被人们运用到营销战略中。商品不同颜色的包装，在很大程度上确实能影响到人们的情绪和对商品购买与否的决断力。网站设计就是最好的证明。太过刺激的颜色不宜作为页面备选颜色，而淡蓝色和绿色都不具有威胁性，是不错的选择。例如，绿色就适合是用来表示打折或降价。

（3）导航栏的设置。导航栏，顾名思义也就是起导航、引导作用。通过导航栏的引导，顾客可以一目了然地知道自己要找的东西在哪个栏目。这样方便了顾客，不用到处漫无目的地找寻，而是很方便地就知道自己要的东西在什么地方，极大地方便了购物。

（4）以具有号召力的口号吸引顾客。设置一些振奋人心的口号来吸引顾客，使其通过口号连接跳转到你的窗口，这比在网页上添加简单的按钮有效得多。不过要注意的是这样的活动口号不要太多，否则会多而至乱，适得其反，过多的活动信息扰乱了顾客的选择，导致顾客无法决定到底该购买哪些商品，以至于离开你的网站。

9.3.3　电商平台版式设计实战

练习题目：以“母婴护理”为题目设计旗下产品的推广页面。

步骤提示：

（1）首先设定主页页头Banner的尺寸，电商页面的尺寸和分辨率不同于传统页面的尺寸和分辨率。长和宽分别为1920像素×450像素，分辨率为150dpi，网页运行过程中也可以将页面分辨率进一步调整为72dpi。

精讲视频

电商平台版式设计
实战

（2）页头的设计需要醒目、清晰，使用简单、整合的标语和突出的图形组合可以达到设计效果。

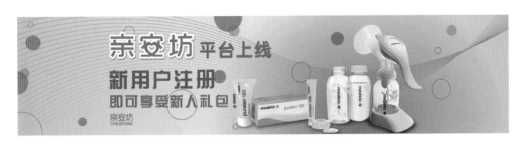

（3）可以将主页面设计成单元块面，以前面讲到的表单的设计为主要框架，注重产品展示和说明的信息层次性，主要色彩可以选择温馨柔软的暖黄色调。

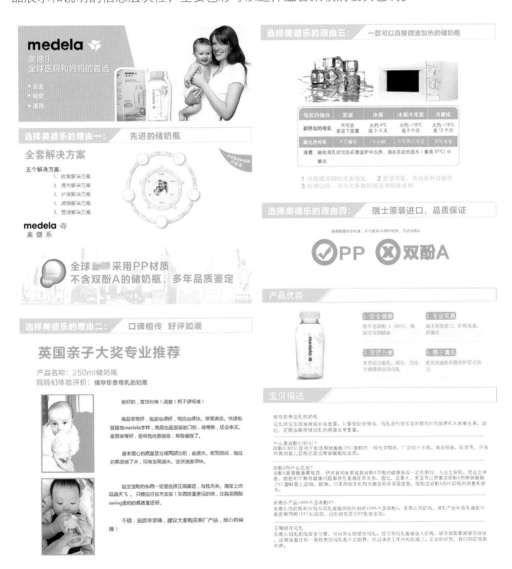

（4）由于电商页面的浏览方式是自上而下滚动浏览的，最后可以将设计的每个块面按照顺序衔接起来。

9.4 | 文字宣传招贴版式设计

招贴是指展示在公共场所的告示，具有高度的象征性、浓缩性和文化性，与政治、经济、文化、艺术有着密切的关系，在其长达一个多世纪的发展历史中，对社会生活、生产产生了巨大而深刻的影响。由于它处于纯粹艺术和应用设计的交叉点上，兼有绘画和设计的特点，加之多种表现形式、设计理念和技法的综合运用，使其呈现出精彩纷呈、风格迥异的多元化发展新格局。作为一种极富弹性的大众媒体，招贴最能体现平面设计的形式特征。

扩展图库

招贴

9.4.1 招贴中的图形排版

招贴版面中的图形主要是通过高度简洁、形式明快、富于创意、以情感人的形象在有限的时间内和有限的篇幅中，直观、迅速、准确、有效地传播信息、观念及交流思想，以提高画面的关注度。相对于其他的媒体版面，图形的作用和份量在版面设计中更加重要。其主要表现为具象和抽象两种方式。

具象图形多采用摄影和逼真画绘制方法加以表现，可以形象地再现客观对象的具体形态、色彩、质地等，渲染真实的和现场的感受，增强内容的可信度，激发人们的兴趣和欲望，吸引受众的注意力。图形的抽象表现形式则是高度理念化的一种表现，舍去自然物不重要和琐碎的形状，以凝炼的形式代表其本质特征，不受对象、表现技巧的束缚。

招贴版面中无论是具体形式还是抽象形式，最终都是为了使图形的形象以情感人，以理服人，达到情与理的高度统一，给人以强烈的现代感、形式感、真实感或自由的装饰感，冲击人的视野，震撼人的心灵。

9.4.2 招贴中的文字排版

文字在招贴广告设计中同样发挥着举足轻重的作用。招贴广告中的文字包括侧重于设计内容的文案设计和突出表现形式的字体设计两部分。字体设计是利用文字重叠、夸张、发射、透视、变形、渐变等形式，将文字图形表现出来，具有强烈的视觉冲击力和独特的形式美感，拓展了招贴设计的表现空间。

招贴中的主题字体一般选择粗壮的广告体，小字的部分一般选择中粗或较细的字体。

9.4.3 招贴中的色彩搭配

对招贴设计来说，色彩配搭应从整体出发，注意色彩的情感、联想及象征性，把色彩的实用价值和审美价值紧密结合起来，多角度、全方位地体现出科学技术、美学技艺与艺术的高度统一，使招贴的意念或商品的特点得到充分的发挥。

9.4.4 文化招贴版式设计实战

练习题目：以"梦想、设计、毕业"为主题设计文化招贴。

下面的文化招贴以字体图形化的表现形式为主，版面以自由版式风格布局设计，整体色彩完整，主体内容突出。

精讲视频

文化招贴版式设计
实战

9.5 | 企业宣传手册版式设计

扩展图库

企业宣传手册

所谓企业宣传手册，指企业用来宣传自己的形象、文化、产品、服务与其他相关信息的手册，其设计是对企业产品和团体机构的业务信息和形象进行推荐所做的设计。为了增强市场竞争力、巩固品牌，企业宣传手册设计成为宣传企业形象的重要手段。一本好的企业宣传手册必须正确传达产品的优良品质及性能，同时给读者带来卓越的视觉感受。

9.5.1 企业宣传手册的整体版式

企业宣传手册一般以网格版式设计方法为标准搭建框架。版面简约大气、层次分明，在细节设计上可以在不影响整体版面的基础上，适当添加色块和辅助图形。

9.5.2 企业宣传手册的图形设计

企业宣传手册中以图片为主，图片会满版或者小块面按照网格和设定的级数关系布局。图片在使用之前也需要对其进行调整。其中还常常会涉及信息图形或图表的设计，这也需要设计师根据页面布局、页面特点和版面主色调，来选择简易、层次鲜明、清晰的信息图示设计方式。

9.5.3 企业宣传手册的字体设计

企业宣传手册中的字体一般选择常规的、装饰性少的、易识别的字体，字体的种类不能过多，一级标题、二级标题、正文、标注的字体需要分别明确统一，不能随意地替换，文字需要严格按照网格布局。

9.5.4 企业宣传手册版式设计实战

下面是一家建筑公司企业宣传册的内页排版，设计既注重简单大气的版面布局，同时又适当地添加了细节的修饰，在浏览系列版面的过程中，读者同时也会体会到整体统一又不缺乏设计细节的独特之处。

精讲视频 　　　　精讲视频

企业宣传手册版式　企业宣传手册版式
设计实战1　　　设计实战2

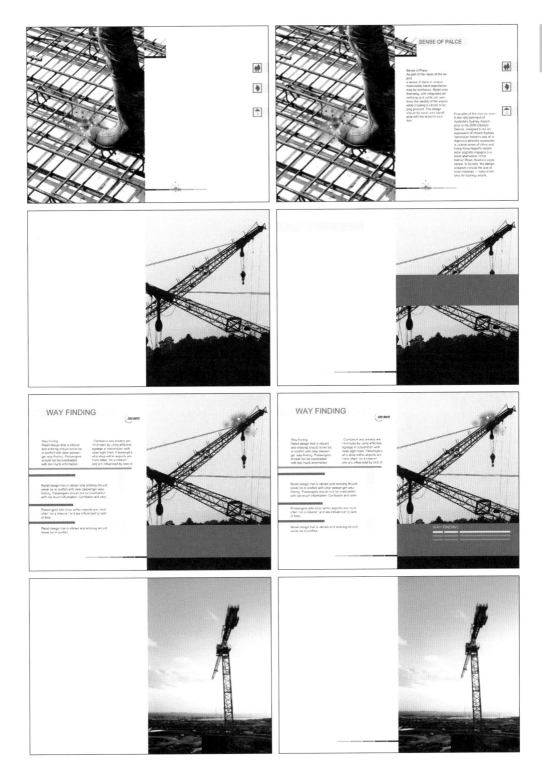

扩展图库

报纸版式设计

以此方法，后续的排版页面风格与上面的一致，图片为灰白黑色调效果，可以占一个对开页，也可以占两个对开页。辅助细节设计为黄色、绿色色块和圆点点缀画面。

小 结

本章节我们通过一系列的案例实战，结合各种不同类型的设计主题，完成了从画册设计到企业宣传手册设计的各种类型的版面设计样例制作。每个样例设计过程中都需要我们根据具体的设计内容合理组织和运用文字、图片、图形、色彩等各种要素，充分调动版面的各个元素，合理安排构图，设置清晰的视觉流向引导。版面设计初学者也可以通过参考大量的优秀案例不断提高自身的设计水平。

思考

1.画册的版式设计有什么要点？

2.文化折页在版式设计中与商业画册有何异同点？

3.电商页面版面设计中的元素有哪些？每一种元素有什么特点？这些元素与传统版面设计载体的设计要素有何区别？

4.电商网页排版过程中需要注意哪些问题？

5.文化宣传招贴的版面设计中需要注意哪些问题？

6.企业宣传手册的设计风格一般是怎样的？如何运用网格设计方法设计企业宣传手册？

关于版式设计小结

在信息化社会的浪潮中，快节奏的生活让人们开始学会选择性关注。如何用科学的方法在纷繁的信息中引导用户，这是当今设计师所面临的问题。版式的构成是信息传播的桥梁，也是视觉传达的重要手段。科学的编排技术，以及实用性与艺术性的合理运用，能实现更快、更准确的信息传递。

后 记

　　本书是在版式设计教学的基础上，根据学生的学习特点、学习兴趣以及知识与技能需求编写的，编写的目的是希望能够为平面设计专业的学生、排版设计的初学者和爱好者提供一个平台和参考，在理论知识和案例制作结合的过程中为其带来更好的学习效果。由于作者水平有限，书中肯定会有不足和欠缺的地方，希望大家提出宝贵意见。

参 考 文 献

1. 南征. 设计师的设计日记. 北京：电子工业出版社，2012.

2. 佐佐木刚士. 版式设计全攻略. 北京：中国青年出版社，2010.

3. 任焕斌. 版式设计1000例. 西安：陕西人民美术出版社，2000.

4. 百度 www.baidu.com

5. 站酷 www.zcool.com.cn